21 世纪应用型人才培养教材
高等职业教育测绘课程系列规划教材

建筑工程测量实训指导

主 编 鲁 纯 谭立萍 张慧慧
副主编 孙 静 张 军 胡良柏

西南交通大学出版社
·成 都·

图书在版编目（CIP）数据

建筑工程测量实训指导 / 鲁纯，谭立萍，张慧慧主编. —成都：西南交通大学出版社，2015.2
 21 世纪应用型人才培养教材　高等职业教育测绘课程系列规划教材
 ISBN 978-7-5643-3731-5

Ⅰ.①建⋯ Ⅱ.①鲁⋯ ②谭⋯ ③张⋯ Ⅲ.①建筑测量–高等职业教育–教材 Ⅳ.①TU198

中国版本图书馆 CIP 数据核字（2015）第 028076 号

21 世纪应用型人才培养教材
高等职业教育测绘课程系列规划教材

建筑工程测量实训指导

主编　鲁纯　谭立萍　张慧慧

责 任 编 辑	曾荣兵
封 面 设 计	何东琳设计工作室
出 版 发 行	西南交通大学出版社 （四川省成都市金牛区交大路 146 号）
发 行 部 电 话	028-87600564　028-87600533
邮 政 编 码	610031
网　　　　址	http://www.xnjdcbs.com
印　　　　刷	四川森林印务有限责任公司
成 品 尺 寸	185 mm × 260 mm
印　　　　张	8.25
字　　　　数	206 千
版　　　　次	2015 年 2 月第 1 版
印　　　　次	2015 年 2 月第 1 次
书　　　　号	ISBN 978-7-5643-3731-5
定　　　　价	18.00 元

图书如有印装质量问题　本社负责退换
版权所有　盗版必究　举报电话：028-87600562

前 言

本书是编者总结多年的高职高专教学改革成功经验的基础上,结合我国建筑工程测量的基本情况,按照建筑工程测量专业高职高专人才培养的特点而编写的《建筑工程测量》的配套实训教材。

《建筑工程测量实训指导》作为建筑工程测量课程基础配套教材,编写过程全部依据最新的规范、标准,以工作过程为导向设计和构建了各项实训任务。本书编写侧重于培养应用型人才,注重培养学生的动手操作能力,突出了建筑工程测量单项技能和综合能力的训练。

教材编写坚持以"应用"为目的,以"必需、够用"为度,从而满足学生职业生涯发展的需求,适应测绘、交通、建筑等工程单位测量岗位的要求。为使本教材具有较强的技能性、实用性和先进性,教材编写人员多次深入施工现场,与现场施工技术人员进行探讨,征求了部分测绘单位和施工单位专家的意见,力求突出高职高专教育的特点,注重理论与实相结合,尤其强调学生实际动手能力的培养。

本书由辽宁省交通高等专科学校鲁纯、谭立萍、张慧慧担任主编,重庆能源职业学院孙静、甘肃工业职业技术学院张军、胡良柏担任副主编。编写具体分工如下:辽宁省交通高等专科学校鲁纯负责编写第1部分建筑工程测量实训概述,甘肃工业职业技术学院张军负责第2部分基础测绘课间实训第2、3章,重庆能源职业学院孙静负责第2部分基础测绘课间实训第4章,甘肃工业职业技术学院胡良柏负责第2部分基础测绘课间实训第5章,辽宁省交通高等专科学校谭立萍负责编写第3部分建筑工程放样课间实训,辽宁省交通高等专科学校张慧慧负责编写第4部分建筑工程测量综合实训。

由于编者水平有限,书中难免存在缺点和疏忽,敬请读者批评指正。

编 者

2014 年 11 月

目 录

第1部分 建筑工程测量实训概述

第1章 建筑工程测量实训总则 ... 1
1.1 建筑工程测量实训要求 ... 1
1.2 建筑工程测量实训前准备工作 ... 1
1.3 测量记录与计算规则 ... 3

第2部分 基础测绘课间实训

第2章 水准测量 ... 5
2.1 水准仪的认识与技术操作 ... 5
2.2 普通水准仪测量 ... 9
2.3 闭合水准路线测量 ... 13
2.4 四等水准测量 ... 17
2.5 四等水准闭合水准路线的测量 ... 21

第3章 角度测量 ... 25
3.1 DJ_6型经纬仪的认识与使用 ... 27
3.2 DJ_2型经纬仪的认识与使用 ... 31
3.3 测回法观测水平角 ... 37
3.4 DJ_6型光学经纬仪的竖直角观测 ... 41

第4章 导线测量 ... 45
4.1 全站仪的认识与使用 ... 45
4.2 全站仪导线测量 ... 49

第5章 地形图测绘 ... 53
5.1 数字化测图 ... 53
5.2 经纬仪测图 ... 57

第3部分 建筑工程放样课间实训

第6章 基础施工放样 ... 61
6.1 经纬仪放样 ... 61

 6.2 全站仪放样 ··· 65
 6.3 高程放样 ·· 69
 6.4 坡度放样 ·· 73
 6.5 圆曲线主点测设 ··· 77
 6.6 切线支距法详细测设圆曲线 ··· 81
 6.7 偏角法详细测设圆曲线 ·· 85
 6.8 场地平整的土石方数量测算 ··· 89

第 7 章 建筑施工放样 ··· 93
 7.1 建筑基线放样 ·· 93
 7.2 建筑物定位 ··· 97
 7.3 建筑物放线 ··· 101
 7.4 纵断面测量 ··· 105
 7.5 横断面测量 ··· 109

第 4 部分 建筑工程测量综合实训

第 8 章 建筑施工综合实训 ··· 113
 8.1 1∶500 经纬仪测绘建筑平面图综合实训 ·· 113
 8.2 1∶500 数字建筑平面图测绘综合实训 ··· 117
 8.3 建筑施工放样综合实习 ·· 124

参考文献 ··· 126

第1部分　建筑工程测量实训概述

第1章　建筑工程测量实训总则

"建筑工程测量"是一门实践性很强的专业技术基础课，测量实训又是本课程教学中非常重要的一个环节。学生通过实训，亲自操作测量仪器，进行安置、观测、记录、计算、编写实训报告等各项实践训练，才能真正掌握建筑工程测量的基本方法和基本技能。

1.1　建筑工程测量实训要求

为了保证实训效果和质量，实训课上学生须遵守下列规定与要求：

（1）在实训之前，必须复习教材中的有关内容，认真、仔细地预习本书，以明确实训目的，了解任务，熟悉实训步骤或实训过程，注意有关事项，并准备好所需文具用品。

（2）实训分小组进行，组长负责组织协调工作，办理所用仪器工具的借领和归还手续。

（3）实训应在规定的时间进行，不得无故缺席或迟到早退；应在指定的场地进行，不得擅自改变地点或离开现场。

（4）必须遵守本书列出的"测量仪器工具的借领与使用规则"和"测量记录与计算规则"。

（5）服从教师的指导，严格按照本书的要求认真、按时、独立地完成任务。每项实训都应取得合格的成果，提交书写工整、规范的实训报告或实训记录，经指导教师审阅同意后，才可交还仪器工具，结束工作。

（6）在实训过程中，还应遵守纪律，爱护现场的花草、树木和农作物，爱护周围的各种公共设施，任意砍折、踩踏或损坏者应予赔偿。

1.2　建筑工程测量实训前准备工作

对测量仪器工具的正确使用、精心爱护和科学保养，是测量人员必须具备的素质和应该掌握的技能，也是保证测量成果质量、提高测量工作效率和延长仪器工具使用寿命的必要条件。在仪器工具的借领与使用中，必须严格遵守下列规定：

1.2.1　仪器工具的借领

（1）实训前凭学生证到仪器室办理借领手续，以小组为单位领取仪器工具。

（2）借领时应该当场清点检查：实物与清单是否相符；仪器工具及其附件是否齐全；背

带及提手是否牢固；脚架是否完好等。如有缺损，可以补领或更换。

（3）离开借领地点之前，必须锁好仪器并捆扎好各种工具。搬运仪器工具时，必须轻取轻放，避免剧烈震动。

（4）借出仪器工具之后，不得与其他小组擅自调换或转借。

（5）实训结束，应及时收装仪器工具，送还借领处检查验收，办理归还手续。如有遗失或损坏，应写出书面报告说明情况，并按有关规定给予赔偿。

1.2.2 仪器的安置

（1）在三脚架安置稳妥之后，方可打开仪器箱。开箱前应将仪器箱放在平稳处，严禁托在手上或抱在怀里。

（2）打开仪器箱之后，要看清并记住仪器在箱中的安放位置，避免以后装箱困难。

（3）提取仪器之前，应先松开制动螺旋，再用双手握住支架或基座；轻轻取出仪器放在三脚架上，保持一手握住仪器，一手拧连接螺旋；最后旋紧连接螺旋，使仪器与脚架连接牢固。

（4）装好仪器之后，注意随即关闭仪器箱盖，防止灰尘和湿气进入箱内。严禁坐在仪器箱上。

1.2.3 仪器的使用

（1）仪器安置之后，不论是否操作，必须有人看护，防止无关人员搬弄或行人、车辆碰撞。

（2）在打开物镜时或在观测过程中，如发现灰尘，可用镜头纸或软毛刷轻轻拂去，严禁用手指或手帕等物擦拭镜头，以免损坏镜头上的镀膜。观测结束后应及时套好镜盖。

（3）转动仪器时，应先松开制动螺旋，再平稳转动。使用微动螺旋时，应先旋紧制动螺旋。

（4）制动螺旋应松紧适度，微动螺旋和脚螺旋不要旋到顶端，使用各种螺旋时都应均匀用力，以免损伤螺纹。

（5）在野外使用仪器时，应撑伞，严防日晒雨淋。

（6）在仪器发生故障时，应及时向指导教师报告，不得擅自处理。

1.2.4 仪器的搬迁

（1）在行走不便的地区迁站或远距离迁站时，必须将仪器装箱之后再搬迁。

（2）短距离迁站时，可将仪器连同脚架一起搬迁。其方法是：先取下垂球，检查并旋紧仪器连接螺旋，松开各制动螺旋使仪器保持初始位置（经纬仪望远镜物镜对向度盘中心，水准仪的水准器向上）；再收拢三脚架，左手握住仪器基座或支架放在胸前，右手抱住脚架放在肋下，稳步行走。严禁斜扛仪器，以防碰摔。

（3）搬迁时，小组其他人员应协助观测员带走仪器箱和有关工具。

1.2.5 仪器的装箱

（1）每次使用仪器之后，应及时清除仪器上的灰尘及脚架上的泥土。

（2）仪器拆卸时，应先将仪器脚螺旋调至大致同高的位置，再一手扶住仪器、一手松开连接螺旋，双手取下仪器。

（3）仪器装箱时，应先松开各制动螺旋，使仪器就位正确，试关箱盖确认放妥后，再拧紧制动螺旋，然后关箱上锁。若合不上箱口，切不可强压箱盖，以防压坏仪器。

（4）清点所有附件和工具，防止遗失。

1.2.6 测量工具的使用

（1）钢尺的使用：应防止扭曲、打结和折断，防止行人踩踏或车辆碾压，尽量避免尺身着水。携尺前进时，应将尺身提起，不得沿地面拖行，以防损坏刻划。用完钢尺应擦净、涂油，以防生锈。

（2）皮尺的使用：应均匀用力拉伸，避免着水、车压。如果皮尺受潮，应及时晾干。

（3）各种标尺、花杆的使用：应注意防水、防潮，防止受横向压力，不能磨损尺面刻划的漆皮，不用时安放稳妥。塔尺的使用，还应注意接口处的正确连接，用后及时收尺。

（4）测图板的使用：应注意保护板面，不得乱写乱扎，不能施以重压。

（5）小件工具如垂球、测钎、尺垫等的使用：应用完即收，防止遗失。

（6）一切测量工具都应保持清洁，专人保管搬运，不能随意放置，更不能作为捆扎、抬、担的它用工具。

1.3 测量记录与计算规则

测量记录是外业观测成果的记载和内业数据处理的依据。在测量记录或计算时必须严肃认真，一丝不苟，严格遵守下列规则：

（1）在测量记录之前，准备好硬芯（2H 或 3H）铅笔，同时熟悉记录表上各项内容及填写、计算方法。

（2）记录观测数据之前，应将记录表头的仪器型号、日期、天气、测站、观测者及记录者姓名等无一遗漏地填写齐全。

（3）观测者读数后，记录者应随即在测量记录表上的相应栏内填写，并复诵回报以资检核。不得另纸记录事后转抄。

（4）记录时要求字体端正清晰，数位对齐，数字对齐。字体的大小一般占格宽的 1/3～1/2，字脚靠近底线；表示精度或占位的"0"（例如水准尺读数 1.500 或 0.234，度盘读数 93°04′00″）均不可省略。

（5）观测数据的尾数不得更改，读错或记错后必须重测重记。例如：角度测量时，秒级数字出错，应重测该测回；水准测量时，毫米级数字出错，应重测该测站；钢尺量距时，毫米级数字出错，应重测该尺段。

（6）观测数据的前几位若出错，应用细横线划去错误的数字，并在原数字上方写出正确的数字。注意不得涂擦已记录的数据，禁止连环更改数字，例如：水准测量中的黑、红面读数，角度测量中的盘左、盘右，距离丈量中的往、返量等，均不能同时更改，否则重测。

（7）记录数据修改后或观测成果废去后，都应在备注栏内写明原因（如测错、记错或超限等）。

（8）每站观测结束后，必须在现场完成规定的计算和检核，确认无误后方可迁站。

（9）数据运算应根据所取位数，按"4舍6入，5前奇进偶舍"的规则进行凑整。例如，对 1.424 4、1.423 6 m、1.423 5 m、1.424 5 m 这几个数据，若取至毫米位，则均应记为 1.424 m。

（10）应该保持测量记录的整洁，严禁在记录表上书写无关内容，更不得丢失记录表。

第 2 部分　基础测绘课间实训

第 2 章　水准测量

2.1　水准仪的认识与技术操作

2.1.1　技能目标

（1）了解水准仪（DS_3型）的基本构造和性能，认识其主要构件的名称和作用。

（2）练习水准仪的安置、瞄准、读数和高差计算。特别掌握"左手大拇指规则"旋转脚旋使气泡居中，初学者必须多次练习，为以后实验和多种仪器安置和整平工作打下基础。

2.1.2　实验计划与使用设备

（1）实验时数安排为 2 学时。实验小组由 5 人组成，其中 2 人立尺，1 人操作仪器，1 人记录，1 人计算。

（2）每组的实验设备：DS_3型水准仪 1 台，水准尺 2 根，记录夹 1 块，尺垫 2 个，固定架 1 个。

2.1.3　方法与步骤

（1）安置仪器。

先将三脚架张开，使起高度适当，架头大致水平，并将架脚踩实；开箱取出仪器，将其和脚架连接螺旋牢固连接。

（2）认识仪器各部件，并了解其功能和使用方法。

（3）粗略整平。

先用双手同时向内（或向外）转同一对脚螺旋，按"左手大拇指规则"旋转脚旋使圆水准器泡移动到中间，再转动第三只脚螺旋使气泡居中。若一次不能居中，可反复进行。

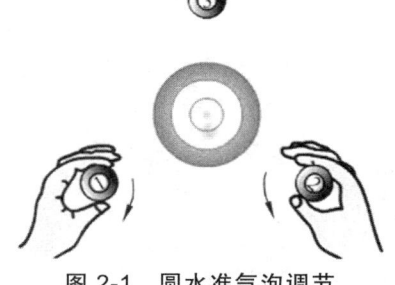

图 2-1　圆水准气泡调节

（4）瞄准。

转动目镜调焦螺旋，使十字丝分划清晰；松开制动螺旋，转动仪器，用准星和照门瞄准水准尺，拧紧制动螺旋；转动微动螺旋，使水准尺位于视场中央；转动物镜调焦螺旋，使水准尺清晰，注意消除视差。详述参见教科书内容。

（5）精平与读数。

眼睛通过位于目镜左方的符合气泡观察窗观看水准器泡，右手转动微动螺旋，使气泡亮端的半影像吻合（成圆弧状），即符合气泡严格居中。用十字丝横丝在水准尺上读取四位数字，读数时应从小往大读，读取米、分米、厘米、毫米四位数字，最后一位毫米为估读数。

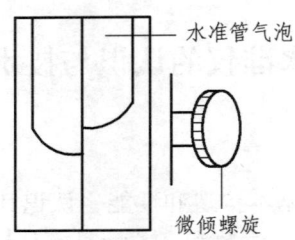

图 2-2　管水准气泡调节

2.1.4　注意事项

（1）三脚架安置高度适当，架头大致水平。三脚架确实安置稳妥后，才能把仪器连接于架头。

（2）调节各种螺旋均应有轻重感。

掌握正确的操作方法，操作应轮流进行，每人操作一次，严禁几人同时操作仪器。第二人开始练习时，改变一下仪器的高度。竖立水准尺与 A 点上，用望远镜瞄准 A 点上的水准尺，精平后读取后视读数，并记入手簿；再将水准尺立于 B 点上，瞄准 B 点上的水准尺，精平后读取前视读数，并记入手簿。计算 A、B 两点的高差 H_{AB} = 后视读数 − 前视读数。改变仪高，由第二人做一遍，并检查与第一人所测结果是否相同。

（3）读数前水准管气泡必须居中，读数后一定要检查气泡是否居中，若不居中则必须重新读数。

2.1.5　实训报告

实训报告

日期：　　　　　班级：　　　　　组别：　　　　　姓名：　　　　　学号：

实训题目		成绩	
实训目的			
主要仪器及工具			

1. 标出水准仪的各部件名称

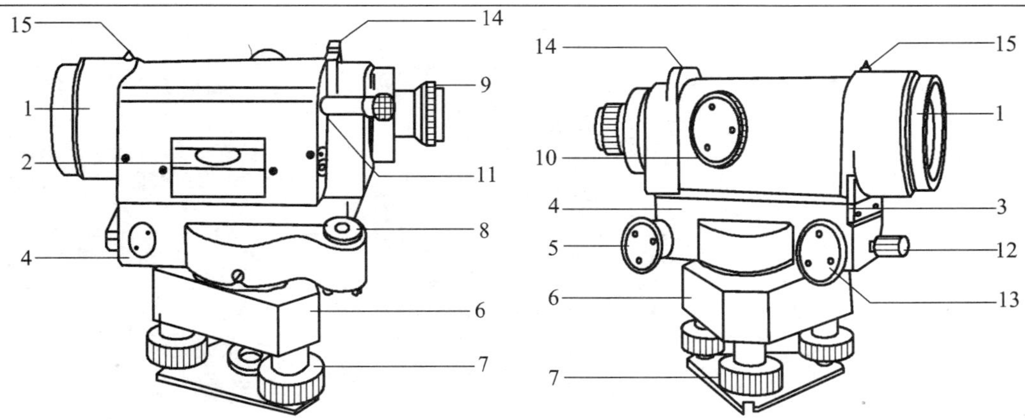

图 2-3

1._____；2._____；3._____；4._____；5._____；6._____；7._____；8._____；
9._____；10._____；11._____；12._____；13._____；14._____；15._____

2. 读出水准尺的读数

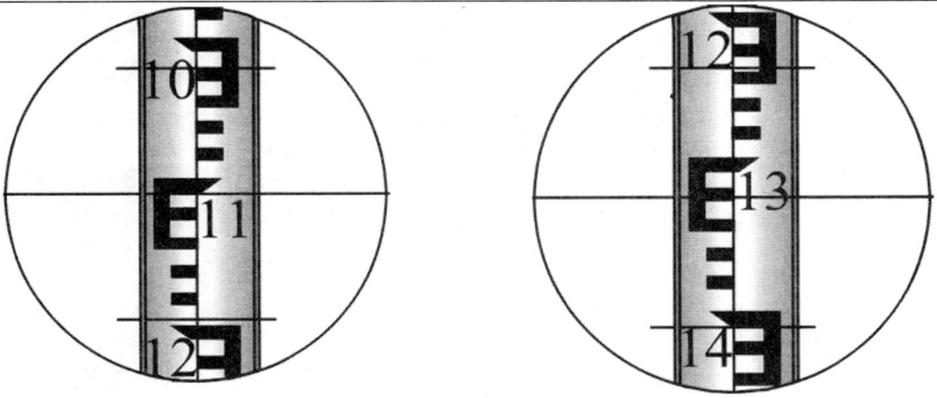

图 2-4

读数 _____　　　　　　　　读数 _____

实习总结

2.2 普通水准仪测量

2.2.1 技能目标

（1）练习水准路线的选点、布置。
（2）掌握普通水准测量路线的观测、记录、计算检核以及集体配合、协调作业的施测过程。

2.2.2 实验计划与使用设备

（1）实验时数安排为2学时。实验小组由5人组成，其中2人立尺，1人操作仪器，1人记录，1人计算。
（2）每组的实验设备：DS_3型水准仪1台，水准尺2根，记录夹1块，尺垫2个。
（3）自备：铅笔、计算器。

2.2.3 方法与步骤

（1）领取仪器后，根据教师给定的已知高程点，在测区选点。选择2～3个待测高程点，并标明点号，形成一条水准路线。
（2）在距已知高程点1（起点）与点2大致等距离处架设水准仪，在起点与第一个待测点上竖立尺。
（3）仪器整平后便可进行观测，同时记录观测数据。用双仪器高法（或双尺面法）进行测站检核。
（4）第一站施测完毕，检核无误后，水准仪搬至第二站，第一个待测点上的水准尺尺底位置不变，尺面转向仪器；另一把水准尺竖立在第二个待测点上，进行观测，依此类推。
（5）当两点间距离较长或两点间的高差较大时，在两点间可选定一个或两个转点作为分段点，进行分段测量。在转点上立尺时，尺子应立在尺垫的凸起物顶上。

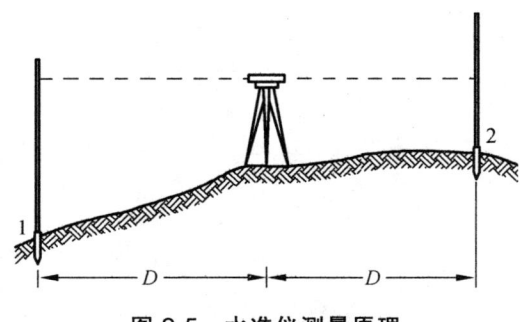

图 2-5 水准仪测量原理

2.2.4 注意事项

（1）前、后视距应大致相等。
（2）读数前，应仔细对光以消除视差。
（3）每次读数时，都应精平（转动微倾螺旋，使符合式气泡吻合）。并注意勿将上、下丝的读数误读成中丝读数。

（4）观测过程中不得进行粗平。若圆水准器气泡发生偏离，应整平仪器后，重新观测。
（5）应做到边测量，边记录，边检核，误差超限应立即重测。
（6）双仪器高法进行测站检核时，两次仪器的变换高度应不小于 10 cm，两次所测得的高差之差应小于等于 5 mm。
（7）尺垫仅在转点上使用，在转点前后两站测量未完成时，不得移动尺垫位置。

2.2.5 实训报告

水准测量记录表

日期：____年____月____日　　　天气：_____　　　观测者：_____

仪器型号：_____　　　班组：_____　　　记录者：_____

测站	点号	后视读数/m	前视读数/m	高差/m	备注

实训报告

日期：　　　　班级：　　　　组别：　　　　姓名：　　　　学号：

实训题目		成绩	
实训目的			
主要仪器及工具			
实习场地布置草图			
实习主要步骤			
实习总结			

2.3 闭合水准路线测量

2.3.1 技能目标

（1）练习普通水准测量的施测、记录、计算、闭合差调整及高程计算方法。
（2）熟悉闭合水准路线的施测方法。
（3）路线高差闭合差的限差值：

$$f_{h容} = \pm 12\sqrt{n} \text{ (mm)}$$

式中，n 为测站数。
（4）各项操作轮流进行，每人至少作一个测站的观测。

2.3.2 实验计划与使用设备

（1）实验时数安排为 2 学时。实验小组由 5 人组成，其中 2 人立尺，1 人操作仪器，1 人记录，1 人计算。
（2）每组的实验设备：DS_3 型水准仪 1 台，水准尺 2 根，记录夹 1 块，尺垫 2 个。
（3）自备：铅笔、计算器。
（4）每个实训小组完成一闭合水准路线普通水准测量的观测、记录、高差闭合差调整及高程计算工作。

2.3.3 实训方法与步骤

（1）场地布置：选一适当场地，在场中选一个坚固点作为已知高程点 A（假定为一整数），选定 B、C、D 三个坚固点作为待定高程点，进行闭合水准路线测量。由水准点到待定点的距离，以能安置 2~3 站仪器为宜。
（2）安置水准仪于 A 点和转点 TP_1 大致等距离处，进行粗略整平和目镜对光。

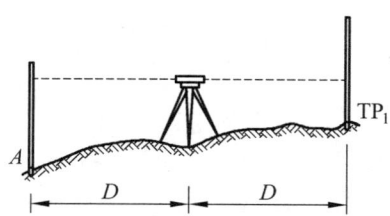

图 2-6 水准测量水准仪安置与水准尺距离示例

（3）后视 A 点的水准尺，精平后读取后视读数，记入手簿；前视 TP_1 点上的水准尺，精平后读取前视读数，记入手簿。并计算两点间高差。
（4）沿着选定的路线，将仪器搬至 TP_1 点和 B 点大致等距离处，仍用第一站施测的方法进行观测。依次连续设站，经过 C 点和 D 点，连续观测，最后回至 A 点。
（5）计算检核：前视读数之和减前视读数之和应等于高差之和。
（6）高差闭合差的计算与调整。

$$f_h = \sum h - (H_{终} - H_{始}) = \sum h$$

当 $f_h = f_{h容}$ 时成果合格，否则必须返工重测。

当 $f_h = f_{h容}$ 时，则将闭合差反号按测站数或距离成正比例的原则调整各段高差。调整数算至毫米。调整后计算改正高差及各点高程。根据 A 点高程和各点间改正后的高差推算 B、C、D、A 四个点的高差，最后算出得的 A 点高差应与已知值相等，以资校核。

2.3.4 注意事项

（1）严格遵照水准测量的操作步骤，严防水准尺和尺垫同时移动。

（2）要选择好测站和转点的位置，尽量避开人流和车辆的干扰。

（3）观测过程中严防尺垫移动，水准尺必须保持竖直。

（4）水准点（或假定的临时水准点）上不能用尺垫；在转点用尺垫时，水准尺应放在顶点。

（5）在整个实验过程中，观测者一定不能离开仪器；迁站时先松开制动螺旋，而后将仪器抱在胸前。所有仪器和工具均随人带走。

（6）记录计算必须在规定的表格中边测、边记、边算，不得重新转抄。记录数据有错时，严禁用橡皮涂改，或"字改字"，或连环涂改。

（7）计算一定要步步校核，高差改正数之和等于负的高差闭合差；改正后的高差之和等于零；推算出的终点高程等于起点高程。

2.3.5 实训报告

等外水准测量记录表

日期：____年____月____日　　　　天气：_____　　　　观测者：_____
仪器型号：_____　　　　　　　班组：_____　　　　　记录者：_____

测站	点号	水准尺读数		高差 /m	备注
		后视读数/m	前视读数/m		
计算校核		$\sum a=$	$\sum b=$	$\sum h=$	
		$\sum a - \sum b=$			

水准测量成果计算表

日期：____年____月____日   天气：_____   观测者：_____

仪器型号：_____   班组：_____   记录者：_____

点号	测站数	高差 /m	高差改正数 /m	改正后高差 /m	高程 /m
$\sum$					

$f_h =$ $f_{h容} =$

2.4 四等水准测量

2.4.1 技能目标

（1）学会用双面水准尺进行四等水准测量的观测、记录、计算。
（2）熟悉四等水准测量的主要技术指标，掌握四等水准一测段的测量方法。

2.4.2 实验计划与使用设备

（1）实验时数安排为 2 学时。实验小组由 5 人组成，其中 2 人立尺，1 人操作仪器，1 人记录，1 人计算。
（2）每组的实验设备：DS_3 型水准仪 1 台，双面尺 2 根，记录夹 1 块，尺垫 2 个。
（3）自备：铅笔、计算器。
（4）每个实训小组完成四等水准一测段的观测、记录、高差计算工作。

2.4.3 实训方法与步骤

（1）选定一条水准路线，其长度以安置 4 个测站为宜。
（2）在起点与转点上分别立尺，然后在两立尺点之间安置好水准仪，再按以下顺序进行观测：

① 照准后视尺黑面，进行对光、调焦，消除视差；精平（将水准气泡影像符合）后，分别读取上、下丝读数和中丝读数，分别记入记录表（1）、（2）、（3）顺序栏内。

② 照准前视尺黑面，消除视差并精平后，读取上、下丝和中丝读数，分别记入记录表（4）、（5）、（6）顺序栏内。

③ 照准前视尺红面，消除视差并精平后，读取中丝读数，记入记录表（7）顺序栏内。

④ 照准后视尺红面，消除视差并精平后，读取中丝读数，记入记录表（8）顺序栏内。

这种观测顺序简称为"后—前—前—后"，目的是减弱仪器下沉对观测结果的影响。

2.4.4 注意事项

（1）每站观测结束后应立即进行计算、检核；若有超限，则重新设站观测。
（2）注意区别上、下视距丝和中丝读数，并记入记录表相应的顺序栏内。
（3）测站数要求为偶数。

（4）当第一测站前尺位置确定后，两根尺要交替前进，即后变前、前变后，不能改变顺序。在记录表中的方向及尺号栏内要写明尺号，在备注栏内写明相应尺号的 K 值。

（5）四等水准测量记录计算比较复杂，要多想多练，步步校核，熟中取巧。

（6）严禁为了快出成果而转抄、涂改原始数据。记录数据要用铅笔，字迹要工整、清洁。

2.4.5　实训报告

四等水准测量记录表

日期：____年____月____日　　天气：_____　　观测者：_____
仪器型号：_____　　班组：_____　　记录者：_____

测站编号	点号	后尺 下丝 上丝 后视距/m 视距差 d/m	前尺 下丝 上丝 前视距/m ∑d/m	方向及尺号	标尺读数 /m 黑面	标尺读数 /m 红面	K+黑－红 /mm	高差中数 /m	备注
		（1）	（4）	后	（3）	（8）	（14）		
		（2）	（5）	前	（6）	（7）	（13）	（18）	
		（9）	（10）	后－前	（15）	（16）	（17）		
		（11）	（12）						
				后					
				前					
				后－前					
				后					
				前					
				后－前					
				后					
				前					
				后－前					
				后					
				前					
				后－前					

检核：

∑（9）= 　　　　　　∑（3）+∑（8）=　　　　　　∑（15）+∑（16）=
－）∑（10）=　　　　－）∑（6）+∑（7）=　　　　∑（18）=
　　　=　　　　　　　　　=　　　　　　　　　　　2∑（18）=
=末站（12）　　　总视距=∑（9）+∑（10）=

实训报告

日期：　　　　班级：　　　　组别：　　　　姓名：　　　　学号：

实训题目		成绩	
实训目的			
主要仪器及工具			
实习场地布置草图			
实习主要步骤			
实习总结			

2.5 四等水准闭合水准路线的测量

2.5.1 技能目标

（1）学会用双面水准尺进行四等水准测量的观测、记录、计算。
（2）熟悉四等水准测量的主要技术指标，测站及水准路线的检验方法。
（3）高差的闭合差应 $\leqslant \pm 6\sqrt{n}$ mm（山地）或 $\leqslant \pm 20\sqrt{L}$ mm（平地）。
（4）组内每人轮换操作仪器。

2.5.2 实验计划与使用设备

（1）实验时数安排为 2 学时。实验小组由 5 人组成，其中 2 人立尺，1 人操作仪器，1 人记录，1 人计算。
（2）每组的实验设备：DS_3 型水准仪 1 台，双面尺 2 根，记录夹 1 块，尺垫 2 个。
（3）自备：铅笔、计算器。
（4）每组在实训场地完成一闭合水准路线四等水准测量的观测、记录、测站计算、高差闭合差调整及高程计算工作。

2.5.3 实训方法与步骤

（1）选定一条闭合水准路线，其长度以安置 4～6 个测站为宜。沿线标定待定点（转点）的地面标志。
（2）在起点与第一个待定点上分别立尺，然后在两立尺点之间安置好水准仪，按下列顺序进行观测：

① 照准后视尺黑面，进行对光、调焦，消除视差；精平（将水准气泡影像符合）后，分别读取上、下丝读数和中丝读数，分别记入记录表（1）、（2）、（3）顺序栏内。
② 照准前视尺黑面，消除视差并精平后，读取上、下丝和中丝读数，分别记入记录表（4）、（5）、（6）顺序栏内。
③ 照准前视尺红面，消除视差并精平后，读取中丝读数，记入记录表（7）顺序栏内。
④ 照准后视尺红面，消除视差并精平后，读取中丝读数，记入记录表（8）顺序栏内。

这种观测顺序简称为"后—前—前—后"，目的是减弱仪器下沉对观测结果的影响。

（3）用同样的方法依次施测其他各站。
（4）各站观测和验算完后进行路线总验算，以衡量观测精度。其验算方法如下：

当测站总数为偶数时：$\sum(15)+\sum(16)=2\sum(18)$

当测站总数为奇数时：$\sum(15)+\sum(16)=2\sum(18) \pm 0.100$m

末站视距累积差：末站（13）= $\sum(9) - \sum(10)$

水准路线总长：$L=\sum(9)+\sum(10)$

高差闭合差：$f_h = \sum(18)$

高差闭合差的允许值：$f_{h允} = \pm 20\sqrt{L}$ 或 $f_{h允} = \pm 6\sqrt{n}$，单位是 mm，式中 L 为以 km 为单位的水准路线长度；n 为该路线总的测站数。如果算得的结果 $f_h < f_{h允}$，则可以进行高差闭

合差调整；若 $f_h > f_{h允}$，则应立即进行重测该闭合路线。

2.5.4 注意事项

（1）每站观测结束后应立即进行计算、检核，若有超限则重新设站观测。路线全部观测并计算完毕，且各项检核均已符合，路线闭合差也在限差之内，测量方可结束。

（2）注意区别上、下视距丝和中丝读数，并记入记录表相应的顺序栏内。

（3）测站数要求为偶数。

（4）当第一测站前尺位置确定后，两根尺要交替前进，即后变前、前变后，不能改变顺序。在记录表中的方向及尺号栏内要写明尺号，在备注栏内写明相应尺号的 K 值。

（5）四等水准测量记录计算比较复杂，要多想多练，步步校核，熟中取巧。

（6）严禁为了快出成果而转抄、涂改原始数据。记录数据要用铅笔，字迹要工整、清洁。

（7）技术要求：

① 视线长度　　　　　(9)、(10) ≤ 100 m。
② 前、后视距差　　　(11) ≤ 5.0 m。
③ 前、后视距累积差　(12) ≤ 10.0 m。
④ 红、黑面读数之差　(13)、(14) ≤ 3 mm。
⑤ 红、黑面高差之差　(17) ≤ 5 mm。
⑥ 高差闭合差的允许值：$f_{h允} = \pm 20\sqrt{L}$。

2.5.5 实训报告

四等水准测量记录表

日期：____年____月____日　　　天气：_____　　　观测者：_____
仪器型号：_____　　　班组：_____　　　记录者：_____

测站编号	点号	后尺 下丝 上丝	前尺 下丝 上丝	方向及尺号	标尺读数 /m		K+黑−红 /mm	高差中数 /m	备注
		后视距/m	前视距/m		黑面	红面			
		视距差 d/m	∑d/m						
		（1）	（4）	后	（3）	（8）	（14）		
		（2）	（5）	前	（6）	（7）	（13）	（18）	
		（9）	（10）	后−前	（15）	（16）	（17）		
		（11）	（12）						
				后					
				前					
				后−前					
				后					
				前					
				后−前					
				后					
				前					
				后−前					
				后					
				前					
				后−前					

检核	∑（9）= −) ∑（10）= = =末站（12）	∑（3）+∑（8）= −) ∑（6）+∑（7）= = 总视距=∑（9）+∑（10）=	∑（15）+∑（16）= ∑（18）= 2∑（18）=

水准测量成果计算表

日期：____年____月____日　　天气：_____　　观测者：_____

仪器型号：_____　　班组：_____　　记录者：_____

点号	测站数	高差 /m	高差改正数 /m	改正后高差 /m	高程 /m
Σ					

$f_h =$　　　　　　　　　$f_{h容} =$

实训报告

日期：　　　　班级：　　　　组别：　　　　姓名：　　　　学号：

实训题目		成绩	
实训目的			
主要仪器及工具			
实习场地布置草图			
实习主要步骤			
实习总结			

第3章　角度测量

3.1　DJ$_6$型经纬仪的认识与使用

3.1.1　技能目标

（1）了解 DJ$_6$ 型经纬仪的构造，主要部件的名称和作用。
（2）练习经纬仪的对中、整平、瞄准和读数的方法。
（3）要求对中误差小于 3 mm，整平误差小于 1 格。

3.1.2　实验计划与使用设备

（1）实验时数安排为 2 学时。实验小组由 5 人组成，1 人操作仪器，1 人记录，1 人计算，组内人员轮流操作。
（2）每组 DJ$_6$ 型经纬仪 1 台，测钎 2 只，记录板 1 块。
（3）自备：铅笔、计算器。
（4）每人完成一个仪器的对中整平及两个方向的角度观测。

3.1.3　实训方法与步骤

1. 经纬仪的安置

（1）初步对中整平。

使架头大致对中和水平，连接经纬仪；调节光学对中器的目镜和物镜对光螺旋，使光学对中器的分化板小圆圈和测站点标志的影像清晰。固定一只三脚架腿，目视对中器目镜并移动其他两只架腿，使镜中小圆圈对准地面点，踩紧脚架；若光学对中器的中心与地面点略有偏离，可转动脚螺旋，使光学对中器对准测站标志中心，此时圆水准器气泡偏离，伸缩三脚架腿，使圆水准器气泡居中，注意脚架尖位置不能移动。

（2）精确对中和整平。

松开照准部制动螺旋，转动照准部，使水准管平行于任意一对脚螺旋的连线，两手同时反向转动这对脚螺旋，使气泡居中；将照准部旋转 90°，转动第三只脚螺旋，使气泡居中。以上步骤反复 1～2 次，使照准部转到任何位置时水准管气泡的偏离不超过 1 格为止。此时若光学对中器的中心与地面点又有偏离，稍松连接螺旋，在架头上平移仪器，使光学对中器的中心准确对准测站点，最后旋紧连接螺旋。垂球对中误差控制在 3 mm 以内，光学对中器对中误差控制在 1 mm 以内。对中和整平一般需要几次循环过程，直至对中和整平均满足要求为止。

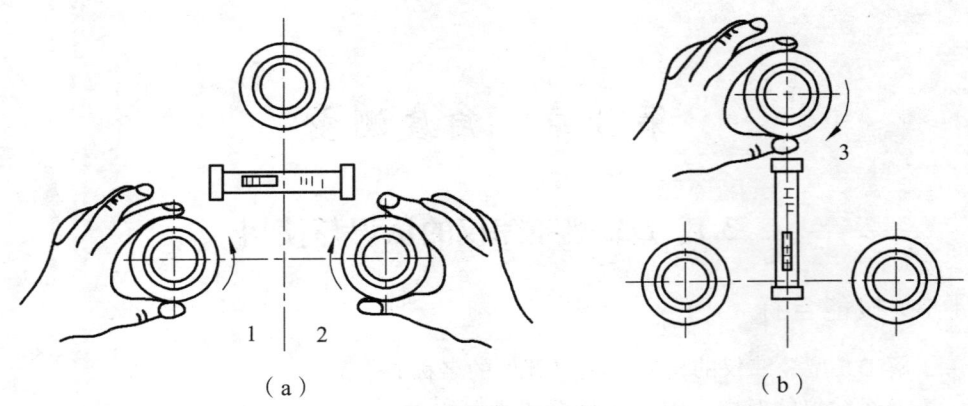

图 3-1 经纬仪的整平

2. 瞄准目标

（1）转动照准部，使望远镜对向明亮处，转动目镜对光螺旋，使十字丝清晰。

（2）松开照准部制动螺旋，用望远镜上的粗瞄准器对准目标，使其位于视场内，固定望远镜制动螺旋和照准部制动螺旋。

（3）转动物镜对光螺旋，使目标影像清晰；旋转望远镜微动螺旋，使目标像的高低适中；旋转照准部微动螺旋，使目标像被十字丝的单根竖丝平分或被双根竖丝夹在中间。

（4）眼睛微微左右移动，检查有无视差，如果有，转动物镜对光螺旋予以消除。

3. 读数

（1）调节反光镜的位置，使读数窗亮度适当。

（2）转动读数显微镜目镜对光螺旋，使度盘分划清晰。注意区别水平度盘与竖直度盘读数窗。

（3）读取位于分微尺中间的度盘刻划线注记度数，从分微尺上读取该刻划线所在位置的分数，估读至 0.1′（即 6″的整倍数）。

盘左位置瞄准目标，读出水平度盘读数，纵转望远镜，盘右位置再瞄准该目标，两次读数之差约为 180°，以此检核瞄准和读数是否正确。

3.1.4 注意事项

（1）严禁先安置仪器，再根据找安置好的仪器进行对中方法。

（2）在三脚架头上移动经纬仪准确对中后，切不可忘记将连接螺旋扭紧。

（3）瞄准目标时，尽可能瞄准目标底部，目标较粗时，用双丝夹；目标较细时，用单丝平分。

（4）读数时，认清水平盘读数窗，注意正确估读到秒。

（5）注意度盘调节按钮的位置。

3.1.5 实训报告

实训报告

日期：　　　　　班级：　　　　　组别：　　　　　姓名：　　　　　学号：

实训题目			成绩	
实训目的				
主要仪器及工具				

水平角记录表

测站	目标	竖盘位置	水平度盘读数/° ′ ″		备注

1. 标出经纬仪的各部件名称

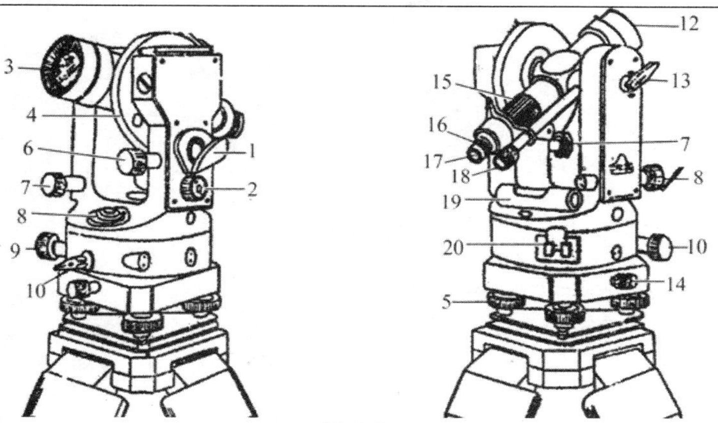

图 3-2

1._____；2._____；3._____；4._____；5._____；6._____；7._____；
8._____；9._____；10._____；11._____；12._____；13._____；14._____；15._____
16._____；17._____；18._____；19._____。

2. 标出经纬仪的竖直度盘与水平度盘的读数

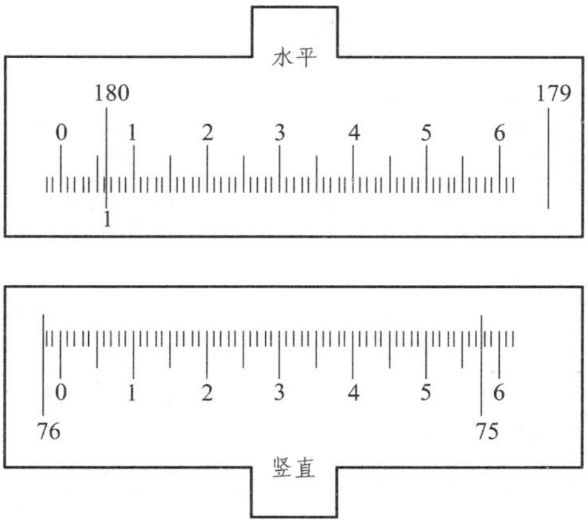

水平度盘读数_____　　　　竖直度盘读数_____

3.2　DJ₂型经纬仪的认识与使用

3.2.1　技能目标

（1）了解 DJ_2 型经纬仪的构造、主要部件的名称和作用，了解 DJ_2 型光学经纬仪的基本结构及各螺旋的作用，学会正确操作仪器。

（2）了解 DJ_2 型经纬仪的构造与 DJ_6 型经纬仪的构造的区别以及仪器读数的区别。在读数显微镜中观察度盘及测微器成像情况，学会重合读数的方法。

（3）加强经纬的对中、整平的练习，学会照准目标。提高对经纬仪使用的熟练程度。

3.2.2　实验计划与使用设备

（1）实验时数安排为 2 学时。实验小组由 5 人组成，1 人操作仪器，1 人记录，1 人计算，组内人员轮流操作。

（2）每组 DJ_2 型经纬仪 1 台，测钎 2 只，记录板 1 块。

（3）自备：铅笔、计算器。

（4）每人完成一个仪器的对中整平及两个方向的角度观测。

3.2.3　实训方法与步骤

1. 经纬仪的安置

（1）初步对中整平。

使架头大致对中和水平，连接经纬仪；调节光学对中器的目镜和物镜对光螺旋，使光学对中器的分化板小圆圈和测站点标志的影像清晰。固定一只三脚架腿，目视对中器目镜并移动其他两只架腿，使镜中小圆圈对准地面点，踩紧脚架；若光学对中器的中心与地面点略有偏离，可转动脚螺旋，使光学对中器对准测站标志中心，此时圆水准器气泡偏离，伸缩三脚架腿，使圆水准器气泡居中，注意脚架尖位置不能移动。

（2）精确对中和整平。

松开照准部制动螺旋，转动照准部，使水准管平行于任意一对脚螺旋的连线，两手同时反向转动这对脚螺旋，使气泡居中；将照准部旋转 90°，转动第三只脚螺旋，使气泡居中。

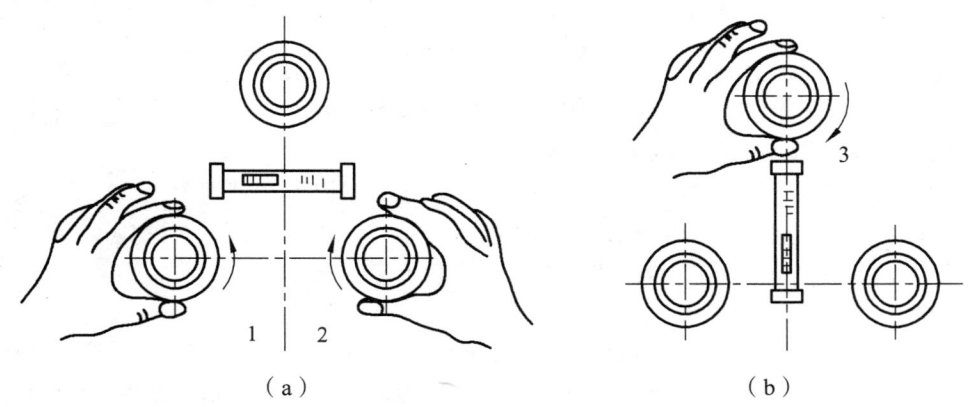

图 3-3　经纬仪的整平

以上步骤反复1~2次，使照准部转到任何位置时水准管气泡的偏离不超过1格为止。此时若光学对中器的中心与地面点又有偏离，稍松连接螺旋，在架头上平移仪器，使光学对中器的中心准确对准测站点，最后旋紧连接螺旋。垂球对中误差控制在3 mm以内，光学对中器对中误差控制在1 mm以内。对中和整平一般需要几次循环过程，直至对中和整平均满足要求为止。

2. 瞄准目标

（1）转动照准部，使望远镜对向明亮处，转动目镜对光螺旋，使十字丝清晰。

（2）松开照准部制动螺旋，用望远镜上的粗瞄准器对准目标，使其位于视场内，固定望远镜制动螺旋和照准部制动螺旋。

（3）转动物镜对光螺旋，使目标影像清晰；旋转望远镜微动螺旋，使目标像的高低适中；旋转照准部微动螺旋，使目标像被十字丝的单根竖丝平分或被双根竖丝夹在中间。

（4）眼睛微微左右移动，检查有无视差，如果有，转动物镜对光螺旋予以消除。

3. 读数

（1）当读数设备是对径分划读数视窗时，如图3-4（a）所示：

① 将换像手轮置于水平位置，打开反光镜，使读数窗明亮。

② 转动测微轮使读数窗内上、下分划线对齐。

③ 读出位于左侧或靠中的正像度刻线的度读数（163°）。

④ 读出与正像度刻线相差180°位于右侧或靠中的倒像度刻线之间的格数 n，即 $n \times 10'$ 的分读数（$2 \times 10' = 20'$）。

⑤ 读出测微尺指标线截取小于10'的分、秒读数（7'34"）。

⑥ 将上述度、分、秒相加，即得整个度盘读数（163°27'34"）。

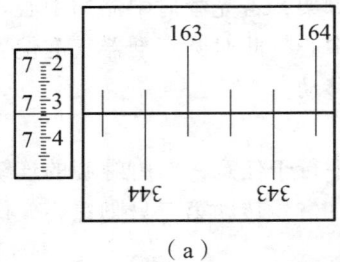
（a）

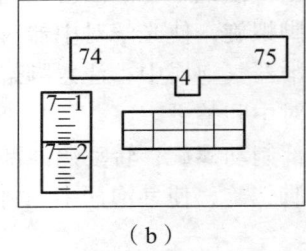
（b）

图3-4 度盘读数

（2）当读数设备是数字化读数视窗时，如图3-4（b）所示：

① 同样先将读数窗内分划线上、下对齐。

② 读取窗口最上边的度数（74°）和中部窗口10'的注记（40'）。

③ 读取测微器上小于10'的数值（7'16"）。

④ 将上述的度、分、秒相加，即水平度盘读数为（74°47'16"）

（3）归零。

① 首先用测微轮将小于10'的测微器上的读数对着0'00"。

② 打开水平度盘变换手轮的保护盖，用手拨动该手轮，将度和整分调至（0°00'），并保证分划线上、下对齐。

3.2.4 注意事项

（1）光学对中时，对中与整平应同时进行。整平误差小于 1 格。对中误差小于 1 mm。
（2）换像手轮位置一定要正确，不应将水平角读数与竖直角弄错。
（3）读数时，先读度盘读数，再读测微器读数，两者相加即为正确读数。
（4）度盘对径分划一定要严格对齐才能读数，不然所得数据将不准确。

3.2.5 实训报告

实训报告

| 日期： | 班级： | 组别： | 姓名： | 学号： |

实训题目		成绩	
实训目的			
主要仪器及工具			

水平角记录表

测站	目标	竖盘位置	水平度盘读数 /° ′ ″	测回值 /° ′ ″	备注

1. 标出经纬仪的各部件名称

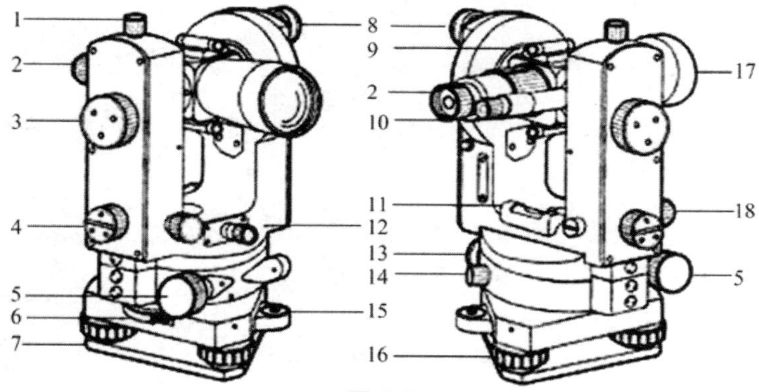

图 3-5

1._____；2._____；3._____；4._____；5._____；6._____；7._____；8._____；
9._____；10._____；11._____；12._____；13._____；14._____；15._____；16._____

2. 标出经纬仪的水平度盘的读数

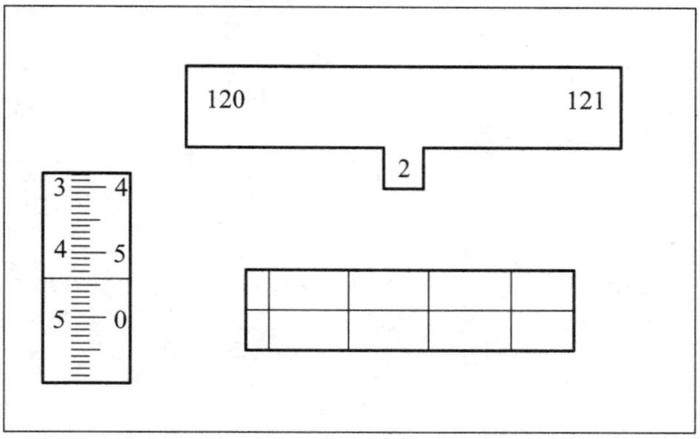

度盘读数_____

3.3 测回法观测水平角

3.3.1 技能目标

（1）进一步熟悉 DJ_6 型经纬仪的使用。
（2）学会运用测回法测水平角的观测方法和记录、计算。

3.3.2 实验计划与使用设备

（1）实验时数安排为 2 学时。实验小组由 5 人组成，1 人操作仪器，1 人记录，1 人计算，组内人员轮流操作。
（2）每组 DJ_6 型经纬仪 1 台，测钎 2 只，记录板 1 块。
（3）自备：铅笔、计算器。
（4）每人至少测两个测回。
（5）对中误差小于 3 mm，长水准管气泡偏离不超过一格。
（6）第一测回对零，其他测回应改变 $180°/n$。前、后半测回角值差不超过 $36″$，各测回角值差不超过 $24″$。

3.3.3 实训方法与步骤

（1）在一个指定的点上安置经纬仪。
（2）选择两个明显的固定点作为观测目标或用花杆标定两个目标。
（3）用测回法测定其水平角值。其观测程序如下：
① 安置好仪器以后，以盘左位置照准左方目标，并读取水平度盘读数。记录者听到读数后，立即回报观测者，经观测者默许后，立即记入测角记录表中。
② 顺时针旋转照准部照准右方目标，读取其水平度盘读数，并记入测角记录表中。
③ 由①、②两步完成上半测回的观测后，记录者在记录表中要计算出上半测回角值。
④ 将经纬仪置于盘右位置，先照准右方目标，读取水平度盘读数，并记入测角记录表中。其读数与盘左时的同一目标读数大约相差 $180°$。
⑤ 逆时针转动照准部，再照准左方目标，读取水平度盘读数，并记入测角记录表中。
⑥ 由④、⑤两步完成下半测回的观测后，记录者算出其下半测回角值。
⑦ 至此便完成了一个测回的观测。如上半测回角值和下半测回角值之差没有超限（不超过 $±40″$），则取其平均值作为一测回的角度观测值，也就是这两个方向之间的水平角。
（4）如果观测不止一个测回，而是要观测 n 个测回，那么在每测回要重新设置水平度盘起始读数。即对左方目标每测回在盘左观测时，水平度盘应设置 $\frac{180°}{n}$ 的整倍数来观测。

3.3.4 注意事项

（1）每一测回的观测中，如发现水准管气泡偏离，也不能重新整平。本测回观测完毕下一测回开始前，再重新整平仪器。

（2）在照准目标时，要用十字丝竖丝照准目标的明显地方，尽量照准目标下部，上半测回照准哪个部位，下半测回仍照准这个部位。

（3）角度计算时总是右方目标读数减去左方目标读数。若右方目标读数小于左方目标读数，则应先将右方目标读数加上 360°再计算角值。

3.3.5　实训报告

实习报告

日期：　　　　班级：　　　　组别：　　　　姓名：　　　　学号：

实习题目	测回法观测水平角		成绩	
实习技能目标				
主要仪器及工具				

	测站	盘位	目标	水平度盘读数 /° ′ ″	半测回角值 /° ′ ″	一测回角值 /° ′ ″	多测回值 /° ′ ″
水平角观测结果							

	场地草图	测量方法
测量过程		

实习总结	

3.4 DJ₆型光学经纬仪的竖直角观测

3.4.1 技能目标

（1）学会竖直角的测量方法。
（2）掌握竖直角及竖盘指标差的记录、计算方法。

3.4.2 实验计划与使用设备

（1）实验时数安排 2 学时。实验小组由 5 人组成。操作仪器，记录，竖立花杆轮流进行。
（2）实验设备：DJ₆型光学经纬仪 1 台，三脚架 1 个，花杆 2 根，铅笔 1 支。
（3）每组完成 4 组读数，2 个仰角，2 个俯角。

3.4.3 实验方法与步骤

（1）在某指定的点上安置经纬仪。
（2）以盘左位置使望远镜视线大致水平。竖盘指标所指读数 90°即为盘左时的竖盘始读数，记作 $L_{始}$。同样，盘右位置看盘右时的竖盘始读数，记作 $R_{始}$（一般情况下 $R_{始}$ = $L_{始}$ ±180°）。
（3）以盘左位置将望远镜物镜端抬高，即当视准轴逐渐向上倾斜时，观察竖盘读数是增加还是减少，借以确定竖直角和指标差的计算公式。

① 当望远镜物镜抬高时，如竖盘读数逐渐减少，则竖直角计算公式为

$$\alpha_{左} = L_{始} - L_{读}$$
$$\alpha_{右} = R_{读} - R_{始}$$

如果 $L_{始}$ = 90°，则

$$\alpha_{左} = 90° - L_{读}$$

如果 $R_{始}$ = 270°，则

$$\alpha_{右} = R_{读} - 270°$$

竖直角　　$\alpha = \frac{1}{2}(\alpha_{左} + \alpha_{右}) = \frac{1}{2}(R - L - 180°)$

竖盘指标差　　$X = \frac{1}{2}(\alpha_{左} - \alpha_{右}) = \frac{1}{2}(L + R - 360°)$

② 当望远镜物镜抬高时，如竖盘读数逐渐增大，则竖直角计算公式为

$$\alpha_{左} = L_{读} - L_{始}$$
$$\alpha_{右} = R_{始} - R_{读}$$

如果 $L_{始} = 90°$，则

$$\alpha_{左} = L_{读} - 90°$$

如果 $R_{始} = 270°$，则

$$\alpha_{右} = 270° - R_{读}$$

竖直角 $\quad \alpha = \frac{1}{2}(\alpha_{左} + \alpha_{右}) = \frac{1}{2}(R - L - 180°)$

竖盘指标差 $\quad X = \frac{1}{2}(\alpha_{左} - \alpha_{右}) = \frac{1}{2}(L + R - 360°)$

③ 必须注意，X 值有正有负，盘左位置观测时用 $\alpha = \alpha_{左} + X$ 计算就能获得正确的竖直角 α；而盘右位置观测用 $\alpha = \alpha_{右} - X$ 计算才能获得正确的竖直角 α。

④ 用上述公式算出的竖直角 α，其符号为"+"时，α 为仰角；其符号为"－"时，α 为俯角。

（4）用测回法测定竖直角，其观测程序如下：

① 安置好经纬仪后，盘左位置照准目标，转动竖盘指标水准管微动螺旋，使水准管气泡居中（符合气泡影像符合）后，读取竖直度盘的读数 $L_{读}$。记录者将读数值 $L_{读}$ 记入竖直角测量记录表中。

② 根据竖直角计算公式，在记录表中计算出盘左时的竖直角 $\alpha_{左}$。

③ 再用盘右位置照准目标，转动竖盘指标水准管微动螺旋，使水准管气泡居中（符合气泡影像符合）后，读取其竖直度盘读数 $R_{读}$。记录者将读数值 $R_{读}$ 记入竖直角测量记录表中。

④ 根据竖直角计算公式，在记录表中计算出盘右时的竖直角 $\alpha_{右}$。

⑤ 计算一测回的竖直角值和指标差。

3.4.4 注意事项

（1）计算时，分清计算竖角的公式。

（2）观测时，对同一目标要用十字丝横丝切准同一部位。每次读数前都要使指标水准管气泡居中。

（3）计算竖角时，应注意正、负号。

3.4.5 实验报告

实习报告

日期：　　　　班级：　　　　组别：　　　　姓名：　　　　学号：

实习题目				成绩	
实习技能目标					
主要仪器及工具					

	测站	目标	盘位	竖直读数 /° ′ ″	半测回角值 /° ′ ″	指标差 /″	一测回角值 /° ′ ″
竖直角观测结果							

场地草图	测量方法

第4章 导线测量

4.1 全站仪的认识与使用

4.1.1 技能目标

（1）了解全站仪的基本结构与性能、各操作部件、螺旋的名称和作用。
（2）熟悉全站仪的主要功能。
（3）掌握全站仪的基本操作方法。

4.1.2 实验计划与使用设备

（1）实训时数2学时。每个实训小组由4~6人组成。
（2）每组全站仪1套、反光镜2套、记录板1块。
（3）练习全站仪进行角度测量、距离测量、坐标测量等基本工作。

4.1.3 实训方法与步骤

（1）认识全站仪的构造、部件名称和作用。

全站仪的基本构造主要包括：光学系统、光电测角系统、光电测距系统、微处理机、显示控制/键盘、数据/信息存储器、输入/输出接口、电子自动补偿系统、电源供电系统、机械控制系统等部分。

（2）认识全站仪的操作面板。

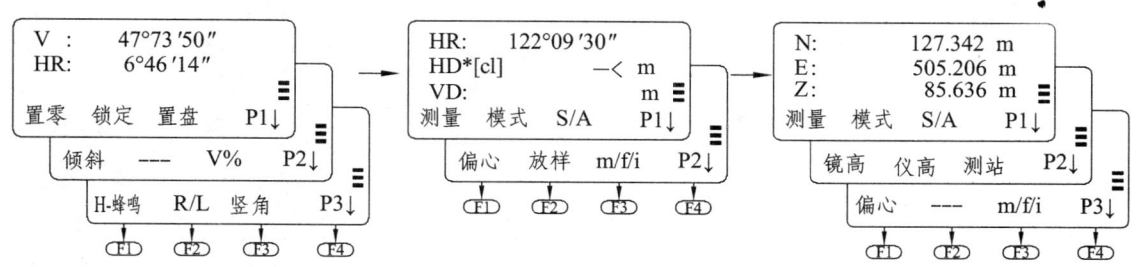

图4-1 角度测量模式面板

（3）熟悉全站仪的基本操作功能。全站仪的基本测量功能是测量水平角、竖直角和斜距，借助机内固化软件，组成多种测量功能，如计算并显示平距、高差以及镜站点的三维坐标，进行偏心测量、对边测量、悬高测量和面积测量计算等功能。

（4）练习并掌握全站仪的安置与观测方法。在一个测站上安置全站仪，选择两个目标点安置反光镜，练习水平角、竖直角、距离及三维坐标的测量，将观测所得数据记入实验报告相应表中。

① 水平角测量：在角度测量模式下，每人用测回法测两镜站间水平角1个测回，同组各人所测角值之差应满足相应的限差要求。

② 竖直角测量：在角度测量模式下，每人观测1个目标的竖直角1测回，要求各人所测同一目标的竖直角角值之差应满足相应的限差要求。

③ 距离测量：在距离测量模式下，分别测量测站至两镜站的斜距、平距以及两镜站间距离。

④ 三维坐标的测量：在坐标测量模式下，选一个后视方向，固定仪器，输入后视方位角、测站坐标、测站高程和仪器高，转动仪器，测量两镜站坐标，再分别输入反光镜高，得各镜站高程。

4.1.4 注意事项

（1）全站仪是目前结构复杂、价格较贵的先进仪器之一，在使用时必须严格遵守操作规程，注意爱护仪器。

（2）在阳光下使用全站仪进行测量时，一定要撑伞遮阳，严禁用望远镜对准太阳。

（3）仪器、反光镜站必须有人看守。观测时应尽量避免两侧和后面反射物所产生的信号干扰。

（4）开机后先检测信号，停测时随时关机。

（5）更换电池时，应先关断电源开关。

（6）仪器的对中偏差不大于1 mm，仪器高和棱镜高的量取精确至1 mm。

（7）角度测量中，水平角半测回互差不大于40″，测回间互差不大于24″。竖直角指标差不大于25″。

（8）距离测量中，测回间距离互差不大于10 mm。

（9）坐标测量中，半测回间坐标互差不大于10 mm。

4.1.5 实验报告

实训报告

日期：___年___月___日　　天气：_____　　观测者：_____
仪器型号：_____　　班组：_____　　记录者：_____

（1）认识仪器的主要部件，写出全站仪各部件的名称。

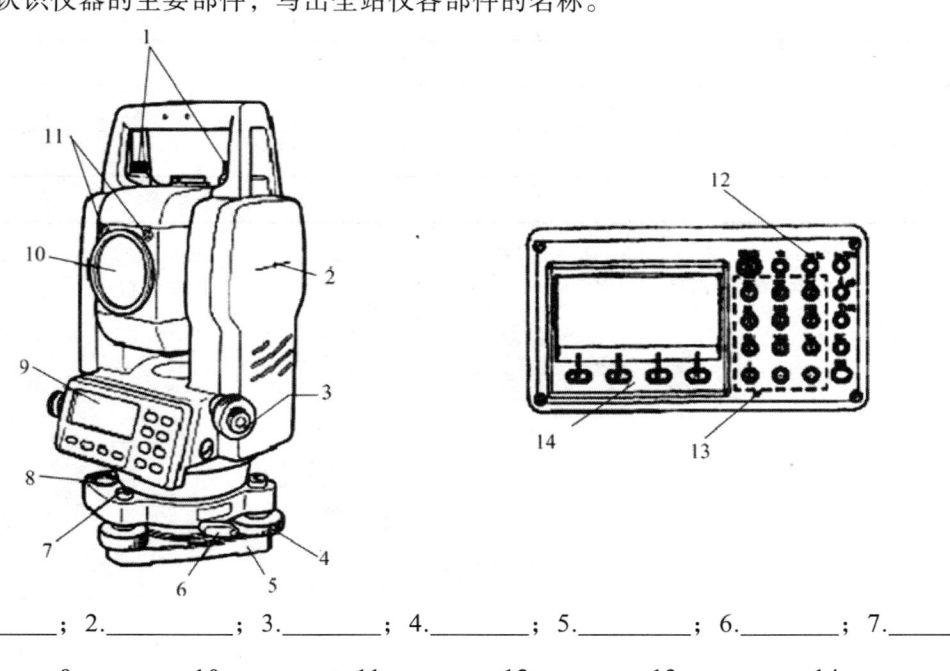

1._____；2._____；3._____；4._____；5._____；6._____；7._____；
8._____；9._____；10._____；11._____；12._____；13._____；14._____

（2）基本测量功能练习记录。

① 水平角、水平距离测量记录表。

测站	盘位	目标	水平度盘读数 /° ′ ″	半测回角值 /° ′ ″	一测回平均值 /° ′ ″	水平距离 /m

② 竖直角测量记录表。

测站	目标	盘位	竖直度盘读数 /° ′ ″	半测回竖直角 /° ′ ″	竖盘指标差 /″	一测回竖直角 /° ′ ″

③ 三维坐标测量记录表。

测点号	x坐标/m	y坐标/m	镜高/m	H高程/m

4.2 全站仪导线测量

4.2.1 技能目标

（1）了解导线测量工作的内容和方法，进一步提高测量技术水平。
（2）掌握全站仪坐标测量的原理和方法。

4.2.2 实验计划与使用设备

（1）实训时数 2 学时。每个实训小组由 5 人组成。
（2）全站仪 1 套，对中架 2 副，棱镜 2 个，花杆 1 根，记录板 1 块。
（3）利用全站仪，采用导线测量法算出未知点坐标。

4.2.3 实训方法与步骤

（1）在实验区域内选取 A、B、C、D 四点，A、D 通视，A、B、C 相互通视，如图 4-2 组成三角形，假设 AD 为已知方位边，A 为已知点。绘出导线略图。

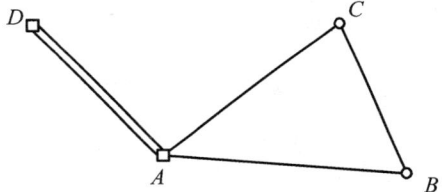

图 4-2 导线测量图

（2）在 A 点架设全站仪，对中、整平后，测量连接角 $\angle DAC$ 与三角形内角 $\angle CAB$，同时在 C、D 两点放置棱镜测量 AC、AD 的水平距离。
（3）依次观测 C、B 点，测出三角形内角 $\angle ACB$ 和 $\angle CBA$，并测量记录 BC 的水平距离。
（4）计算三角形的内角和。
（5）角度测量一测回，半测回误差不超过 40″。距离测量一测回，测回内较差小于 20 mm。方位角闭合差小于 $40\sqrt{n}$。导线全长相对闭合差 1/2 000。

4.2.4 注意事项

（1）边长较短时，应特别注意严格对中。
（2）瞄准目标一定要精确。
（3）导线边长尽量均匀。

4.2.5 实验报告

导线测量记录表

日期：____年____月____日　　　　天气：_____　　　　观测者：_____
仪器型号：_____　　　　　　班组：_____　　　　　记录者：_____

	测站	读数		半测回值	一测回角值
		盘左 /° ′ ″	盘右 /° ′ ″	/° ′ ″	/° ′ ″
水平角观测					

边长	平距观测值	平距中数

导线坐标计算表

点号	观测角 /° ′ ″	角度改正数 /″	改正后角度 /° ′ ″	坐标方位角 /° ′ ″	距离 D /m	坐标增量计算值 Δx /m	Δy /m	改正后坐标增量 Δx /m	Δy /m	坐标值 x /m	y /m
	2	3	4=2+3	5	6	7	8	9	10	11	12
1											
总和					$\sum D=$						

$f_\beta=$

$f_{\beta容}=\pm 60''\sqrt{n}=$

导线全长相对闭合差容许值$=\dfrac{1}{2\,000}$

$f_x=$ $f_y=$ 导线全长闭合差 $f=\sqrt{f_x^2+f_y^2}=$

导线全长相对闭合差 $K=\dfrac{f}{\sum D}=\dfrac{}{}$

略图

第 5 章　地形图测绘

5.1　数字化测图

5.1.1　技能目标

（1）全站仪地面数字测图外业数据采集。
（2）全站仪数字化测图的内业成图。

5.1.2　实验计划与使用设备

（1）实训时数 2 学时。每个实训小组由 5 人组成。
（2）全站仪 1 套，棱镜及杆 1 套，计算机 1 台，绘图仪 1 台，图纸若干。
（3）利用全站仪，采用导线测量法计算出未知点坐标。

5.1.3　实训方法与步骤

（1）草图法数字测图的流程：外业中，在使用全站仪测量碎部点三维坐标的同时，领图员绘制碎部点构成的地物形状和类型并记录下碎部点点号（必须与全站仪自动记录的点号一致）。内业时将全站仪或电子手簿记录的碎部点三维坐标，通过 CASS 传输到计算机上，转换成 CASS 坐标格式文件并展点，根据野外绘制的草图在 CASS 中绘制地物。

（2）全站仪野外数据采集步骤。

① 安置仪器：在控制点上安置全站仪，检查中心连接螺旋是否旋紧，对中，整平，量取仪器高，开机。

② 创建文件：在全站仪的 Menu 菜单中，选择"数据采集"进入"选择一个文件"，输入一个文件名后按"确定"，即完成文件创建工作。此时仪器将自动生成两个同名文件，一个用来保存采集到的测量数据，一个用来保存采集到的坐标数据。

③ 输入测站点：输入一个文件名，回车后即进入数据采集的输入数据窗口，按提示输入测站点点号及标识符、坐标、仪高，后视点点号及标识符、坐标、镜高，仪器瞄准后视点，进行定向。

④ 测量碎部点坐标：仪器定向后，即可进入"测量"状态，输入所测碎部点点号、编码、镜高后，精确瞄准竖立在碎部点上的反光镜，按"坐标"键，仪器即测量出棱镜点的坐标，并将测量结果保存到前面输入的坐标文件中，同时将碎部点点号自动加 1 返回测量状态。再输入编码、镜高，瞄准第 2 个碎部点上的反光镜，按"坐标"键，仪器又测量出第 2 个棱镜点的坐标，并将测量结果保存到前面的坐标文件中。按此方法，可以测量并保存其后所测碎部点的三维坐标。

（3）传输碎部点坐标：完成外业数据采集后，使用通信电缆将全站仪与计算机的COM口连接好，启动通信软件，设置好与全站仪一致的通信参数后，执行下拉菜单"通信/下传数据"命令；在全站仪上的内存管理菜单中，选择"数据传输"选项，并根据提示顺序选择"发送数据"、"坐标数据"和选择文件，然后在全站仪上选择"确认发送"，再在通信软件上的提示对话框上单击"确定"，即可将采集到的碎部点坐标数据发送到通信软件的文本区。

（4）格式转换：将保存的数据文件转换为成图软件（如 CASS）格式的坐标文件格式。执行下拉菜单"数据/读全站仪数据"命令，在"全站仪内存数据转换"对话框中的"全站仪内存文件"文本框中，输入需要转换的数据文件名和路径，在"CASS 坐标文件"文本框中输入转换后保存的数据文件名和路径。这两个数据文件名和路径均可以单击"选择文件"，在弹出的标准文件对话框中输入。单击"转换"，即完成数据文件格式转换。

（5）展绘碎部点、成图：执行下拉菜单"绘图处理/定显示区"确定绘图区域；执行下拉菜单"绘图处理/展野外测点点位"，即在绘图区得到展绘好的碎部点点位，结合野外绘制的草图绘制地物；再执行下拉菜单"绘图处理/展高程点"。经过对所测地形图进行屏幕显示，在人机交互方式下进行绘图处理、图形编辑、修改、整饰，最后形成数字地图的图形文件。通过自动绘图仪绘制地形图。

5.1.4 注意事项

（1）控制点数据由指导教师统一提供。

（2）在作业前应做好准备工作，全站仪的电池、备用电池均应充足电。

（3）用电缆连接全站仪和计算机时，应选择与全站仪型号相匹配的电缆，小心稳妥地连接。

（4）采用数据编码时，数据编码要规范、合理。

（5）外业数据采集时，记录及草图绘制应清晰、信息齐全。不仅要记录观测值及测站有关数据，同时还要记录编码、点号、连接点和连接线等信息，以方便绘图。

（6）数据处理前，要熟悉所采用软件的工作环境及基本操作要求。

5.1.5 实验报告

数字地形测量记录表

日期：____年____月____日　　天气：_____　　观测者：_____

仪器型号：_____　　班组：_____　　记录者：_____

点号	代 码	水平角 /° ′	水平距离 /m	x坐标 /m	y坐标 /m	高程 H /m	备 注

5.2 经纬仪测图

5.2.1 技能目标

（1）掌握经纬仪测绘法测图的施测过程。
（2）了解用经纬仪测绘法施测碎部点的方法。

5.2.2 实验计划与使用设备

（1）实训时数4学时。每个实训小组由5人组成。
（2）经纬仪1台，小平板仪1套，量角器1个，记录板1块，花杆1根，塔尺1根。
（3）利用经纬仪进行地形图观测。

5.2.3 实训方法与步骤

（1）在选定的测站上安置经纬仪，量取仪器高，并在经纬仪旁边架设小平板（图纸已裱糊在小平板上）。
（2）用大头针将量角器中心与小平板图纸上已展绘出的该测站点固连。
（3）选择好起始方向（另一控制点）并标注在小平板的格网图纸上。
（4）经纬仪盘左位置照准起始方向后，水平度盘设置成 0°00′00″。
（5）用经纬仪望远镜的十字丝中丝照准所测地形点视距尺上的"便利高"分划处的标志，读取水平角、竖盘读数（计算出竖直角）及视距间隔，算出视距，并用视距和竖直角计算高差和平距，同时根据测站点的假定高程计算出此地形点的高程。
（6）绘图人员用量角器从起始方向量取水平角，定出方向线，在此方向线上依测图比例尺量取平距，所得点位就是把该地形点按比例尺测绘到图纸上的点，然后在点的右旁标注其高程。
（7）用上述方法，可将其他地形特征点测绘到图纸上，并描绘出地物轮廓线或等高线。
（8）人员分工是，一人观测、一人绘图、一人记录和计算、一人跑尺，每人测绘数点后，再交换工作。

5.2.4 注意事项

（1）起始方向选好后，经纬仪在此方向上要严格设置成 0°00′00″。观测期间要经常进行检查，发现问题及时纠正或重测。
（2）在读竖盘读数时，要使竖盘指标水准管气泡居中并应注意修正，因竖盘指标差对竖直角有影响。
（3）仔细体会碎部点采用"便利高"法观测的方便之处。

5.2.5 实验报告

碎部点测量手簿

日期：____年____月____日　　　天气：_____　　　观测者：_____

仪器型号：_____　　　班组：_____　　　记录者：_____

测站：　　　　后视点：　　　　仪器高：　　　　测站高程：

点号	尺间距 /m	中丝读数 /m	竖盘读数 /° ′	竖直角 /° ′	水平角 /° ′	水平距离 /m	高程 /m	附注

第3部分 建筑工程放样课间实训

第6章 基础施工放样

6.1 经纬仪放样

6.1.1 技能目标

(1) 掌握经纬仪配合钢尺进行角度、距离和点位放样的方法。
(2) 了解坐标正算与反算区别。

6.1.2 实验计划与使用设备

(1) 实训时数2学时,每个实训小组由5人组成。
(2) 全站仪经纬仪1台,花杆1个,测钎1个,记录板1块,记录纸若干。
(3) 利用经纬仪和钢尺进行角度、距离、直角坐标和极坐标放样。

6.1.3 实训方法与步骤

1. 水平角度放样

(1) 采用正倒镜分中法进行水平角放样时,为了消除仪器误差的影响以及校核和提高精度,首先置经纬仪于点A,以盘左位置照准后视点B,设水平度盘读数为零(或任意值α),再顺时针旋转照准部,使水平度盘读数为β(或$\alpha+\beta$),则此时视准轴方向即为所求。将该方向测设到实地上,并于适当位置标定出点位C_1。

(2) 按上述同样的操作步骤,采用盘右(倒镜)在桩顶标定出C_2,最后取其中点C_0作为正式放样结果,如图6-1所示。

(3) 理论上,AC_0方向应该与AC方向严格重合,但由于仪器误差等因素的影响,两方向实际上会有一定偏差,出现水平角放样误差$\Delta\beta$。

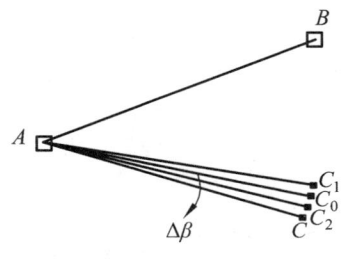

图6-1 角度放样

2. 极坐标法测设点的平面位置

（1）计算放样数据。

根据 A、B、P 点的坐标计算 AB 的坐标方位角 α_{AB}、直线 AP 的坐标方位角 α_{AP} 以及 A、P 两点间的水平距离。由 AB 方向顺时针旋转至 AP 方向的水平夹角为：$\beta = \alpha_{AP} - \alpha_{AB}$。

（2）放样方法。

将经纬仪安置于 A 点，后视 B 点，顺时针方向拨角 β 定出 AP 方向，然后沿 AP 方向量距离 D 即得 P 点。

3. 直角坐标法

（1）在 A 点架设经纬仪，后视点 B 定线并放样水平距离 Δy，得垂足点 E。

（2）在 E 点架设经纬仪，采用水平角放样方法，拨角 $90°$ 得方向 EP，并在此方向上放样水平距离 Δx，即得待定点 P。

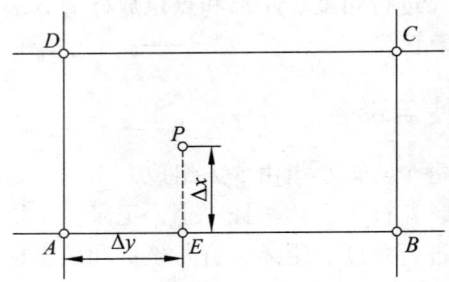

图 6-2　直角坐标放样

6.1.4　注意事项

（1）钢尺进行极坐标法放样只能适应于放样点较近且便于量距的地方，用全站仪按极坐标法放样更为方便。

（2）当建筑场地的施工控制网为方格网或建筑基线形式时，采用直角坐标法较为方便。这时待放样的 P 点与控制点之间的坐标差就是放样元素。

6.1.5　实验报告

实训报告

日期：　　　　班级：　　　　组别：　　　　姓名：　　　　学号：

项目	实训过程			精度检核	备注
角度放样	已知放样数据	实测放样角度		角度差值	
极坐标放样	放样数据计算结果	实测角度和距离		坐标差值	
直角坐标放样	放样数据计算结果	实测角度和距离		坐标差值	

6.2 全站仪放样

6.2.1 技能目标

(1)掌握运用全站仪进行角度、距离和坐标放样的方法。
(2)了解坐标正算与反算区别。
(3)了解运用全站仪进行放样前需要完成的各项参数设置。

6.2.2 实验计划与使用设备

(1)实训时数 2 学时。每个实训小组由 5 人组成。
(2)全站仪 1 台,棱镜 1 套,记录板 1 块,记录纸。
(3)利用全站仪进行角度、距离、坐标放样。

6.2.3 实训方法与步骤

1. 角度、距离放样

角度、距离放样是根据相对于某参考方向转过的角度和放样的距离测设所需点位。其操作步骤为:

(1)将全站仪安置于测站点,精确照准后视点的参考方向。
(2)选择放样模式为"角度和距离放样",依次输入放样距离和放样角度。
(3)水平角放样。转动全站仪的照准部使 dHA 变为 0°00′00″,固定照准部,此时仪器视线方向即角度放样的方向。

dHA 表示水平角差值:水平角差值=水平角实测值-水平角放样值

(4)距离放样。沿视线方向安置棱镜,使棱镜的中心正对仪器,选取距离放样测量模式,根据仪器显示的距离差值 dHD,引导棱镜在仪器视线方向前后移动,直到 dHD 显示值为零,此时棱镜所在的位置就是待放样点的点位。

dHD 表示平距差值:平距实测值-平距放样值

2. 坐标放样

在已知放样点坐标的情况下可以选择"坐标放样"。坐标放样之前输入测站点、后视点和放样点的坐标,仪器便会自动计算放样点的角度和距离,利用角度和距离放样功能便可测设放样点的位置。也可以进行坐标放样,移动棱镜使三维坐标显示值为零,此时棱镜处既为放样点位置。其操作步骤为:

(1)~(4)步操作与坐标测量程序的前 4 步操作相同。
(5)输入放样点坐标。
(6)参照角度和距离放样的步骤,将放样点的平面位置定出。
(7)高程放样,将棱镜置于放样点上,在坐标放样模式下测量该点坐标,根据其与已知高程的差值,上下移动棱镜,直至差值显示为零,放样点点位确定。

6.2.4 注意事项

（1）在进行角度、距离、坐标放样的过程中，物镜和目镜调焦需要无视差，否者放样误差超限。

（2）各项放样均需要检核，放样结束后，再进行角度、距离、坐标测量，以便检核放样数据。

6.2.5 实验报告

实训报告

日期：　　　　　班级：　　　　　组别：　　　　　姓名：　　　　　学号：

项目	放样数据	放样结果	误差
水平角放样			角度偏差：
水平距离放样			距离偏差：
坐标放样			x 坐标差值： y 坐标差值：

6.3 高程放样

6.3.1 技能目标

（1）掌握运用水准仪进行高程放样的方法。
（2）掌握高程传递方法。
（3）掌握土地平整方法。

6.3.2 实验计划与使用设备

（1）实训时数 2 学时。每个实训小组由 5 人组成。
（2）水准仪 1 台，塔尺 2 根，木桩 10 个，铁锤 1 个。
（3）利用水准仪进行高程放样。

6.3.3 实训方法与步骤

1. 地面上点的高程测设

（1）如图 6-3 所示，A 为已知点，其高程为 H_A，欲在 B 点定出高程为 H_B 的位置。
（2）先在 B 点打一长木桩，将水准仪安置在 A、B 之间，在 A 点立水准尺，后视 A 尺并读数 a，计算 B 处水准尺应有的前视读数：$b=(H_A+a)-H_B$。
（3）靠 B 点木桩侧面竖立水准尺，上下移动水准尺，当水准仪在尺上的读数恰好为 b 时，在木桩侧面紧靠尺底画一横线，此横线即为设计高程 H_B 的位置。也可在 B 点桩顶竖立水准尺并读取读数 b'，再用钢卷尺自桩顶向下量 $b-b'$ 即得高程为 H_B 的位置。
（4）放样结束后，应检查所放样高程位置的实际高程，两次高程较差应小于 3 mm。

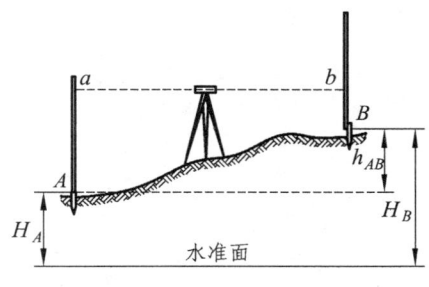

图 6-3 高程放样

2. 场地平整高程放样

（1）测区地块设计平整假定高程为 100.000 m，场地范围为长宽各 100 m。假定场地中间基准点标高为 100.000 m，以改点为基准，在边界线上放样设计标高（每边 3 点）。
（2）在各边界线上埋设高程放样点，点位的选择要均匀分布整个场地，同时保证便于观测和不易被破坏。
（3）以中间基准点为放样的起算点，根据设计高程在实地标定放样点的高程位置。高程的位置标定在木桩侧面。

6.3.4 注意事项

（1）为了提高放样精度，放样前应仔细检校水准仪和水准尺。

（2）放样时尽可能使前后视距相等。

（3）放样后可按水准测量的方法观测放样点的实际高程，并以此对放样点进行检核和必要的归化改正。

6.3.5 实验报告

实训报告

日期：　　　　班级：　　　　组别：　　　　姓名：　　　　学号：

点号	放样高程理论高度	放样高程实际高度	两次高程互差	备注
点号	放样高程理论高度	放样高程实际高度	两次高程互差	备注

6.4 坡度放样

6.4.1 技能目标

（1）了解坡度线放样数据的计算方法。
（2）掌握运用经纬仪放样倾斜直线的过程。

6.4.2 实验计划与使用设备

（1）实训时数 2 学时。每个实训小组由 5 人组成。
（2）经纬仪 1 台，塔尺 1 根，木桩 10 根，记录纸。
（3）利用经纬仪进行坡度线放样。

6.4.3 实训方法与步骤

1. 测设数据计算

如图 6-4 所示，A、B 为同一坡段上的两点，A 点的设计高程为 H_A，A、B 两点间的水平距离为 D_{AB}，坡度为 i_{AB}。则 B 点的设计高程应为：$H_B = H_A + D_{AB} \cdot i_{AB}$

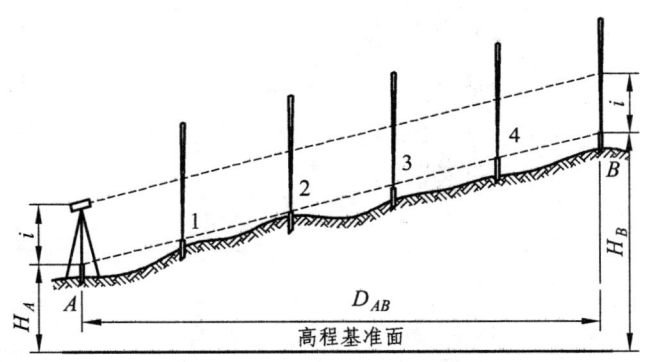

图 6-4 已知设计坡度线放样

2. 坡度线 AB 的放样步骤

（1）按一般的高程放样方法分别在 A、B 两点测设出高程为 H_A、H_B 的位置。
（2）将经纬仪架在 A 点，量出望远镜中心至 A 点（高程为 H_A）的铅垂距离即仪器高 i。
（3）在 B 点（高程为 H_B）竖立水准尺，用望远镜瞄准 B 点的水准尺，并转动在 AB 方向上的脚螺旋，使十字丝的横丝对准水准尺上读数为 i 处，这时仪器的视线即平行于设计坡度线。
（4）在 A、B 之间的 1，2，3，…点立尺，上下移动水准尺使十字丝的横丝对准水准尺上读数为 i 处，此时尺底的位置即在设计坡度线上。

6.4.4 注意事项

（1）在已知坡度线放样中，也可用木条代替水准尺。量取仪器高 i 后，选择一根长度适当的木条，由木条底部向上量仪器高 i 并在相应位置画红线。用木条代替水准尺放样不仅轻便，而且可减小放样出错的概率。

（2）仪器高度量取应仔细，取值毫米位。

6.4.5 实验报告

实训报告

日期：　　　　班级：　　　　组别：　　　　姓名：　　　　学号：

放样数据计算			
高程检核	放样数据理论高程	放样位置实际高程	误差

6.5 圆曲线主点测设

6.5.1 技能目标

（1）掌握路线交点转角测定的方法。
（2）掌握圆曲线主点里程计算的方法以及测设步骤。

6.5.2 实验计划与使用设备

（1）实训时数 2 学时。每个实训小组由 5 人组成。
（2）经纬仪 1 台，木桩 3 个，皮尺 1 把，记录板 1 块，测钎 3 个。
（3）利用经纬仪进行圆曲线主点放样。

6.5.3 实训方法与步骤

（1）在平坦地区定出路线导线的三个交点（ZD_1、JD_1、ZD_2），如图 6-5 所示，并在所选点上用木桩标定其位置。导线边长要大于 80 m，目估 $\beta<145°$。

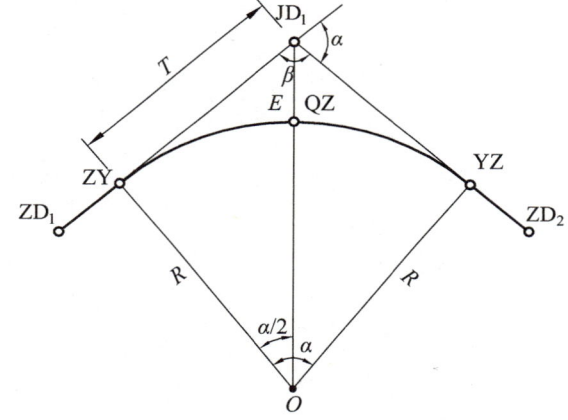

图 6-5 圆曲线主点测设

（2）在交点 JD_1 上安置经纬仪，用测回法观测出 β，并计算出转角 α，$\alpha = 180°-\beta$。
（3）假定圆曲线半径 $R = 100$ m，然后根据 R 和 α，计算曲线测设元素 L、T、E、D。
（4）计算圆曲线主点的里程（假定 JD_1 的里程为 $K4296.67$）。
（5）设置圆曲线主点：
① 在 JD_1—ZD_1 方向，自 JD_1 量取切线长 T，得圆曲线起点 ZY，插一测钎作为起点桩。
② 在 JD_1—ZD_2 方向，自 JD_2 量取切线长 T，得圆曲线终点 YZ，插一测钎作为终点桩。
③ 用经纬仪设置 $\beta/2$ 的方向线，即 β 的角平分线。在此角平分线上自 JD_1 量取外距 E，得圆曲线中点 QZ，插一测钎，作为中点桩。
（6）在曲线内侧观察 ZY、QZ、YZ 桩是否有圆曲线的线形，以作为概略检核。

（7）交换工种后再重复（1）至（5）的步骤,看两次设置的主点位置是否重合。

6.5.4 注意事项

（1）为使测量过程直观、便利,克服场地的限制,本次实训规定 $30°<\alpha<40°$, $R = 100$ m。
（2）计算主点里程时要两人独立计算,加强校核,以防算错。

6.5.5 实验报告

圆曲线主点放样表

日期：____年____月____日　　　天气：_____　　　观测者：_____

仪器型号：_____　　　班组：_____　　　记录者：_____

交点号					交点桩号		
转角观测结果	盘位	目　　标	水平度盘读数 /° ′ ″	半测回右角值 /° ′ ″	右　　角 /° ′ ″	转　角 /° ′ ″
	盘左						
	盘右						
曲线元素	R（半径）= 　　　　T（切线长）= 　　　　E（外距）= α转角= 　　　　L（曲线长）= 　　　　D（超距）=						
主点桩号	ZY桩号：　　　　QZ桩号：　　　　YZ桩号：						
主点测设方法	测　设　草　图				测　设　方　法		

6.6 切线支距法详细测设圆曲线

6.6.1 技能目标

(1)掌握用切线支距法详细测设圆曲线的过程。
(2)掌握用切线支距法测设数据的计算要领。

6.6.2 实验计划与使用设备

(1)实训时数 2 学时。每个实训小组由 5 人组成。
(2)经纬仪 1 台,木桩 3 个,皮尺 1 把,记录板 1 块,测钎 3 个。
(3)利用经纬仪进行圆曲线的详细放样。

6.6.3 实训方法与步骤

(1)在实训前首先按照本次实训所给的实例计算出所需测设数据。
(2)根据所算出的圆曲线主点里程设置圆曲线主点。
(3)将经纬仪置于圆曲线起点(或终点)上,标定出切线方向,也可以用花杆标定切线方向。
(4)根据各里程桩点的横坐标,用皮尺从曲线起点(或终点)沿切线方向量取 x_1, x_2, x_3, …, 得垂足 N_1, N_2, N_3, …, 并用测钎标记。
(5)在垂足 N_1, N_2, N_3, …各点用方向架标定垂线,并沿此垂线方向分别量出 y_1, y_2, y_3, …, 即定出曲线上 P_1, P_2, P_3, …各桩点,并用测钎标记其位置。
(6)从曲线的起(终)点分别向曲线中点测设,测设完毕,用丈量所定各点间弦长来校核其位置是否正确;也可用弦线偏距法进行校核。
(7)实训数据:已知圆曲线的半径 $R = 100$ m,转角 $\alpha_{右} = 34°30'$,JD_2 的里程为 K4296.67,桩距 $l_0 = 10$ m,按整桩距法设桩,试计算各桩点的坐标 (x, y),并详细设置此圆曲线。

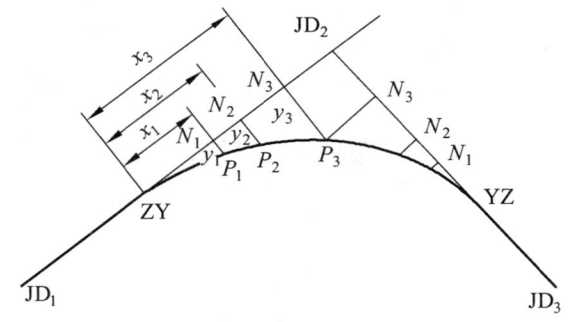

图 6-6 切线支距法

6.6.4 注意事项

(1) 计算要准确,先确认数据准确后再进行外业放样。
(2) 实训场地选择在视野开阔的地方。

6.6.5 实验报告

切线支距法详细测设圆曲线记录表

日期：____年____月____日　　天气：_____　　观测者：_____

仪器型号：_____　　班组：_____　　记录者：_____

交点号					交点桩号		
转角观测结果	盘位	目　标	水平度盘读数 /° ′ ″	半测回右角值 /° ′ ″	右　角 /° ′ ″	转　角 /° ′ ″	
	盘左						
	盘右						
曲线元素	R（半径）= 　　　　　　T（切线长）= 　　　　　　E（外距）=						
	α 转角= 　　　　　　　L（曲线长）= 　　　　　　D（超距）=						
主点桩号	ZY 桩号：　　　　　　QZ 桩号：　　　　　　YZ 桩号：						
各中桩的测设数据	桩　号	曲线长	x	y	备　注		

6.7 偏角法详细测设圆曲线

6.7.1 技能目标

(1) 掌握用偏角法详细测设圆曲线的步骤。
(2) 掌握用偏角法测设数据的计算及测设方法。

6.7.2 实验计划与使用设备

(1) 实训时数 2 学时。每个实训小组由 5 人组成。
(2) 经纬仪 1 台，木桩 3 个，皮尺 1 把，记录板 1 块，测钎 3 个。
(3) 利用经纬仪进行圆曲线的详细放样。

6.7.3 实训方法与步骤

(1) 在实训前首先按照本次实训所给的实例计算出所需测设数据。
(2) 根据所算出的圆曲线主点里程设置圆曲线主点。
(3) 将经纬仪置于圆曲线起点 ZY（A），水平度盘设置起始读数 360°−Δ，后视交点 JD_2 得切线方向，如图 6-7 所示。

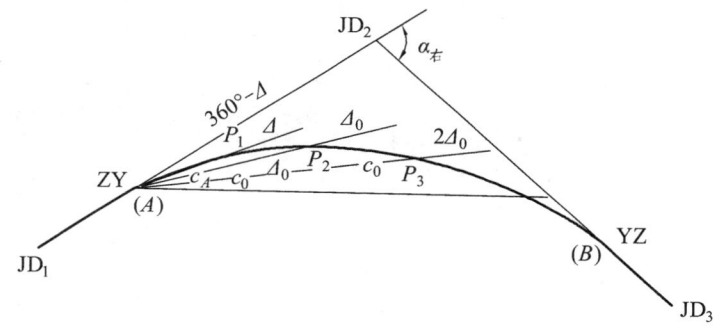

图 6-7 偏角法详细测设圆曲线

(4) 转动照准部，使水平度盘读数为 0°00′00″（P_1 点的偏角读数），得 AP_1 方向，沿此方向从 A 点量出首段弦长 c_A 得整桩 P_1，在 P_1 点上插一测钎。
(5) 对照所计算的偏角表，转动照准部，使度盘对准整弧段 l_0 的偏角 Δ_0（P_2 点的偏角读数），得 AP_2 方向；从 P_1 点量出整弧段的弦长 c_0，与 AP_2 方向线相交得 P_2 点，在 P_2 点上插一插测钎。
(6) 转动照准部，使度盘对准 $2l_0$ 的偏角 $2\Delta_0$（P_3 点的偏角读数），得 AP_3 方向；从 P_2 点量出 c_0，与 AP_3 方向线相交得 P_3，在 P_3 点上插一测钎。
(7) 以此类推定出其他各整桩点。
(8) 最后应闭合于曲线终点 YZ（B）。当转动照准部使度盘对准偏角 $n\Delta_0\Delta_B$（终点 B 的偏角读数），得 AB 方向；从 P_n 点量出尾弧段弦长 c_B，与 AB 方向线相交，其交点应为原设的 YZ 点。如两者不重合，其闭合差一般不得超过如下规定；否则应检查原因，进行改正或重测。

半径方向（横向）：±0.1 m；

切线方向（纵向）：$\pm\dfrac{L}{1\,000}$，L 为曲线长。

如果将经纬仪置于曲线终点 YZ（B）上，反拨偏角测设圆曲线（即路线为左转角时正拨偏角测设圆曲线），其测设方法与正拨偏角测设方法基本相同；所不同之处就是，反拨偏角值等于 360°减去正拨偏角。

（9）实训数据：已知圆曲线的半径 $R=100$ m，转角 $\alpha_{右}=34°30'$，JD_2 的里程为 $K4\,296.67$，桩距 $l_0=10$ m，按整桩号法设桩，试计算各桩点的偏角值，并详细设置此圆曲线。

6.7.4 注意事项

（1）计算要准确，先确认数据准确后再进行外业放样。
（2）实训场地选择在视野开阔的地方。

6.7.5 实验报告

偏角法详细测设圆曲线测设表

日期：____年____月____日　　　天气：_____　　　观测者：_____

仪器型号：_____　　　班组：_____　　　记录者：_____

交点号				交点桩号		
转角观测结果	盘位	目标	水平度盘读数 /° ′ ″	半测回右角值 /° ′ ″	右角 /° ′ ″	转角 /° ′ ″
	盘左					
	盘右					
曲线元素	R（半径）= 　　　　　T（切线长）= 　　　　　E（外距）=					
	α转角= 　　　　　L（曲线长）= 　　　　　D（超距）=					
主点桩号	ZY桩号：　　　　　QZ桩号：　　　　　YZ桩号：					
各中桩的测设数据	桩号	曲线长	偏角 /° ′ ″	水平度盘读数 /° ′ ″	弦长	备注

6.8 场地平整的土石方数量测算

6.8.1 技能目标

（1）掌握水平场地平整土石方数量的测算方法。
（2）掌握用方格网法计算土石方量的步骤。

6.8.2 实验计划与使用设备

（1）实训时数 2 学时。每个实训小组由 5 人组成。
（2）经纬仪 1 台，水准仪 1 台，木桩 3 个，皮尺 1 把，记录板 1 块，木桩若干。
（3）用方格网法进行土石方量的计算。

6.8.3 实训方法与步骤

1. 选择场地

选择一倾斜场地，用皮尺和经纬仪按 10 m 的边长在地面上定出一矩形方格网，方格数以 9~12 个为宜。在各方格网点上打上木桩，写上编号，并按比例绘制一方格网图。

2. 各方格网点地面高程

根据已知水准点用水准仪按视线高法测出各方格顶点的高程，并注记在相应方格顶点的右上方。

3. 计算设计平面高程

根据方格顶点的高程分别计算各方格的平均高程，再把每个方格的平均高程相加除以方格总数，就可得到拟建场地的设计平面高程 H_0。也可按公式：

$$H_0 = \frac{\sum H_{角} + 2\sum H_{边} + 3\sum H_{拐} + 4\sum H_{中}}{4n}$$

计算出设计高程 H_0，设计高程注记在方格点的右下方。

4. 计算填、挖高度

每一方格顶点的挖、填高度为地面高程与设计高程之差，各方格顶点的挖、填高度注于相应方格顶点的左上方。正号为挖深，负号为填高。

5. 确定填挖边界线

在方格网图的方格边上用目估内插法定出设计高程为 H_0 的高程点，即填挖边界点，连接相邻零点的曲线即为填挖边界线。

6. 计算填、挖土方量

挖、填土方量可按角点、边点、拐点和中点分别按下式计算：

角点：填（挖）高度 $\times \frac{1}{4}$ 方格面积

边点：填（挖）高度 $\times \frac{2}{4}$ 方格面积

拐点：挖（填）高度 × $\frac{3}{4}$ 方格面积

中点：填（挖）高度 × 1 方格面积

方格边长为 10 m，则每小方格实地面积为 100 m²。根据上述公式，分别计算角点、边点、中点、拐点上的挖方量或填土方量，最后累计算出总挖方量和总填方量。

6.8.4 注意事项

（1）测定方格网点高程时按照等外水准测量的精度要求进行。

（2）计算时高程取位至厘米。

6.8.5 实验报告

挖填土方记录计算表

日期：____年____月____日　　　　天气：_____　　　　观测者：_____

仪器型号：_____　　　　班组：_____　　　　记录者：_____

点号	挖深/m	填高/m	所占面积/m	挖方量/m	填方量/m

第7章 建筑施工放样

7.1 建筑基线放样

7.1.1 技能目标

（1）掌握全站仪角度、距离测设放样。
（2）掌握建筑基线放样的方法。

7.1.2 实验计划与使用设备

（1）实训时数2学时。每个实训小组由5人组成。
（2）全站仪1台，木桩4个，皮尺1把，记录板1块。
（3）利用全站仪进行建筑基线放样。

7.1.3 实训方法与步骤

（1）实训场地描述：选取区域长度为 70～150 m 的正方形场地进行建筑物轴线放样。
（2）本次建筑轴线放样，根据给定的轴线数据，假定轴线中心点位置，按照二级建筑方格网的布设要求进行。
（3）计算放样数据，包括角度和距离。
（4）放样步骤：

① 建筑基线测设。

首先，准备测设数据；然后，测设两条互相垂直的主轴线 AOB 和 COD，如图7-1所示，主轴线实质上是由5个主点 A、B、O、C 和 D 组成；最后，精确检测主轴线点的相对位置关系，并与设计值相比较，如果超限，则应进行调整。

② 方格网点测设。

如图7-1所示，主轴线测设后，分别在主点 A、B 和 C、D 安置经纬仪，后视主点 O，向左右测设 90°水平角，即可交会出田字形方格网点。随后再作检核，测量相邻两点间的距离，看是否与设计值相等，测量其角度是否为 90°，误差均应在允许范围内，并埋设永久性标志。

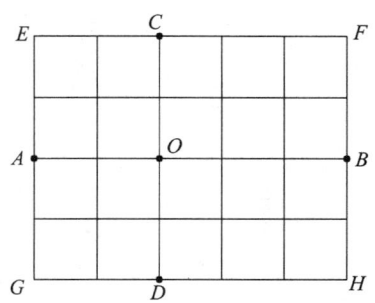

图7-1 建筑方格网

7.1.4 注意事项

（1）建筑方格网轴线与建筑物轴线平行或垂直，因此，可用直角坐标法进行建筑物的定位，计算简单，测设比较方便，而且精度较高。

（2）轴线点位选择在土质坚硬，视野开阔的地方，否者易被破坏，增加测设工作量。

（3）检核时，需要考虑角度和距离两方面，测量实际数据，计算出误差值，与限差作比较。

7.1.5 实验报告

建筑基线放样数据表

日期：____年____月____日　　　天气：_____　　　观测者：_____

仪器型号：_____　　　班组：_____　　　记录者：_____

距离放样数据					
起点点号	终点点号	放样边长	实际边长	误差值	备注

角度放样数据					
起点点号	终点点号	放样角度	实际角度	误差值	备注

7.2 建筑物定位

7.2.1 技能目标

（1）掌握建筑物定位的测设方法。
（2）了解不同测设方法的适用范围。

7.2.2 实验计划与使用设备

（1）实训时数 2 学时。每个实训小组由 5 人组成。
（2）经纬仪 1 台，木桩 10 个，皮尺 1 把，记录板 1 块。
（3）利用经纬仪进行建筑物的定位放样。

7.2.3 实训方法与步骤

1. 根据控制点定位

如果待定位建筑物的定位点设计坐标已知，且附近有高级控制点可供利用，可根据实际情况选用极坐标法测设定位点，如图 7-2 所示。

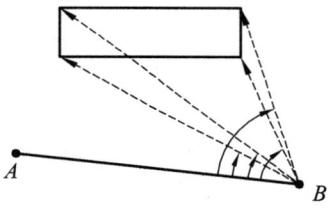

图 7-2 极坐标法放样

2. 根据建筑方格网和建筑基线定位

如果待定位建筑物的定位点设计坐标已知，并且建筑场地已设有建筑方格网或建筑基线，可利用直角坐标法测设定位点，如图 7-3 所示。

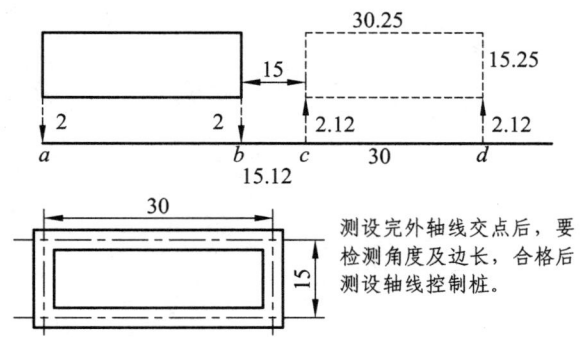

图 7-3 直角坐标放样

7.2.4 注意事项

（1）建筑物的定位就是根据设计条件将建筑物四周外廓主要轴线的交点测设到地面上，作为基础放线和细部轴线放线的依据。由于设计条件和现场条件不同，建筑物的定位方法也有所不同，应根据具体情况进行选择。

（2）建筑物的定位结果应保留，作为后期建筑物放线的依据。

7.2.5 实验报告

实训报告

日期：　　　　班级：　　　　组别：　　　　姓名：　　　　学号：

实训题目		成绩	
实训目的			
主要仪器及工具			

项目	实训内容	实训效果	备注
极坐标放样建筑物交点			
直角坐标放样建筑物交点			

7.3 建筑物放线

7.3.1 技能目标

（1）掌握龙门板、控制桩的测设过程。
（2）掌握建筑物放线的方法。

7.3.2 实验计划与使用设备

（1）实训时数 2 学时。每个实训小组由 5 人组成。
（2）经纬仪 1 台，木桩 16 个，皮尺 1 把，龙门板 4 套，记录板 1 块。

7.3.3 实训方法与步骤

1. 场地描述

利用"建筑物定位放样"结果，在四个角点处放样龙门板。

2. 设置龙门板

（1）如图 7-4 所示，在建筑物四角和中间隔墙的两端，距基槽边线 1~2 m，竖直钉设大木桩，为龙门桩，并使桩的外侧面平行于基槽。

（2）根据附近水准点，用水准仪将±0.000 标高测设在每个龙门桩的外侧上，并画出横线标志。如果现场条件不允许，也可测设比±0.000 高或低一定数值的标高线，同一建筑物最好只用一个标高；如因地形起伏大用两个标高时，一定要标注清楚，以免使用时发生错误。

（3）在相邻两龙门桩上钉设木板，称为龙门板，龙门板的上沿应和龙门桩上的横线对齐，使龙门板的顶面标高在一个水平面上，并且标高为±0.000 或比±0.000 高低一些的数值，龙门板顶面标高的误差应在±5 mm 以内。

（4）根据轴线桩，用经纬仪将各轴线投测到龙门板的顶面，并钉上小钉作为轴线标志，此小钉也称为轴线钉，投测误差应在±5 mm 以内。

（5）用钢尺沿龙门板顶面检查轴线钉的间距，其相对误差不应超过 1/3 000。

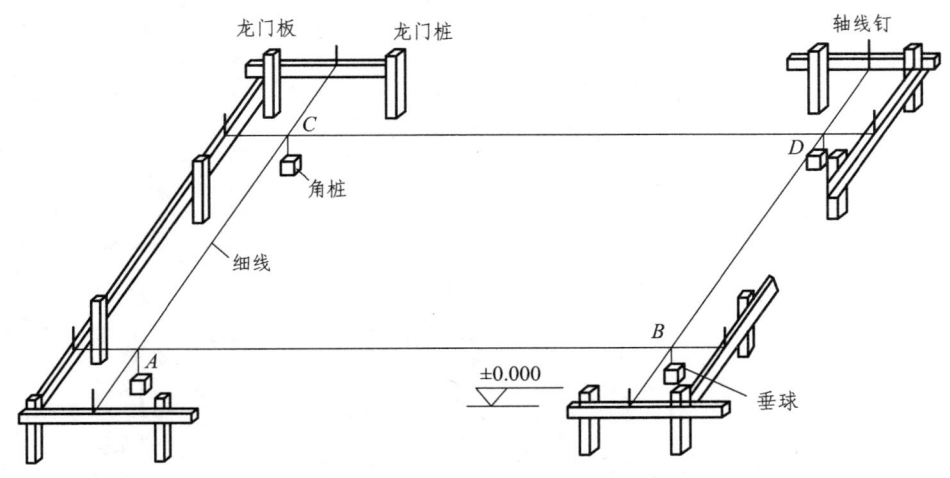

图 7-4 龙门板测设

3. **轴线控制桩**

在基槽或基坑外各轴线的延长线上测设轴线控制桩，作为以后恢复轴线的依据。轴线控制桩一般设在开挖边线 4 m 以外的地方，并用水泥砂浆加固。最好是附近有固定建筑物和构筑物，这时应将轴线投测在这些物体上，使轴线更容易得到保护，以便今后能安置经纬仪来恢复轴线。

7.3.4 注意事项

（1）龙门板需要较多木料，而且占用场地，所以实训应选择场地空旷的地方进行。

（2）实际工作过程中，为防止机械开挖破坏场地，即使采用了龙门板，对主要轴线也应测设轴线控制桩。

7.3.5 实验报告

实训报告

日期：　　　　　班级：　　　　　组别：　　　　　姓名：　　　　　学号：

实训题目		成绩	
实训目的			
主要仪器及工具			

项目	实训内容	实训效果	备注
建筑物轴线交点			
龙门板测设			
控制桩测设			

7.4 纵断面测量

7.4.1 技能目标

(1) 掌握中桩地面标高的测量方法及施测过程。
(2) 了解管道、道路、构筑物的断面图绘制方法。

7.4.2 实验计划与使用设备

(1) 实训时数 2 学时。每个实训小组由 5 人组成。
(2) 水准仪 1 台,水准尺 2 个,尺垫 2 个,记录板 1 块。
(3) 利用水准仪进行高程控制测量和中桩高程测量,绘制纵断面图。

7.4.3 实训方法与步骤

1. 高程控制测量(基平测量)

(1) 路线水准点的布设。选一约 2 000 m 长的路线,沿线路每 400 m 左右在一侧布设水准点,用木桩标定或选在固定地物上用油漆标记。
(2) 施测。用 DS_3 型自动安平水准仪按四等水准测量要求,进行往返观测或单程双仪器高法测量水准点之间的高差(每组测量一段),并求得各个水准点的高程。

2. 中桩高程测量(中平测量)

(1) 如图 7-5 所示,从水准点 1 引测高程,在 I 号架设水准仪,后视水准点 1,读取后视读数 1.784;前视 0+000,读取读数 1.523。

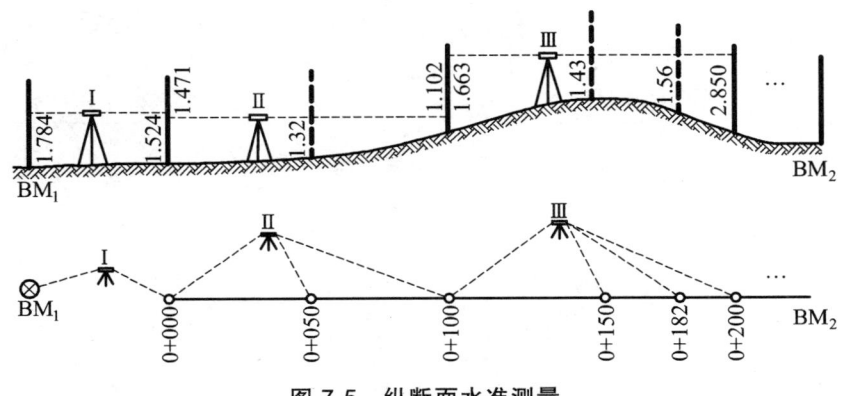

图 7-5 纵断面水准测量

(2) 仪器搬至 II 号位置,后视 0+000,读取后视读数 1.471;前视 0+100,读读取前视读数 1.102。继续读取 0+050 位置的水准尺,读取中间视线读数 1.32。
(3) 仪器搬至 III 号位置……按上述方法依次对每个桩位进行观测,直到附合到水准点 2 上。

3. 纵断面图的绘制

以中桩桩号为横坐标(比例为 1∶1 000),中桩高程为纵坐标(比例为 1∶100),在厘米格纸上绘制路线纵断面图。

7.4.4 注意事项

（1）水准点要设置在稳定、便于保存、方便施测的地方。

（2）施测前需抄写各中桩桩号，以免漏测。施测中立尺员要报告桩号，以便核对。

（3）转点必须设置牢靠，若有碰动、改变，一定要重测。

（4）纵断面图一般绘制在毫米方格纸上，以里程为横轴，以高程为纵轴，由于纵断面图上里程比较大，而高程变化较小，为了能明显反映地表变化，同时便于阅读，一般纵轴比例尺是横轴比例尺的10倍，同时高程的起点一般选择在一个合适的数据起绘。

7.4.5 实验报告

高程控制测量记录表

日期：____年____月____日　　　　天气：_____　　　　观测者：_____

仪器型号：_____　　　　　班组：_____　　　　　记录者：_____

测站编号	点号	后尺 下丝		前尺 下丝		方向及尺号	水准尺读数 /m		K+黑 $-$红	平均高差 /m
		上丝		上丝						
		后视距		前视距			黑面	红面		
		视距差 d/m		$\sum d$/m						
每页检核										

中桩高程测量记录表

日期：____年____月____日　　　　天气：_____　　　　观测者：_____

仪器型号：_____　　　　班组：_____　　　　记录者：_____

点号	中桩桩号	水准尺读数/m			仪器视线高程/m	高程/m	备注
		后视	中视	前视			

7.5 横断面测量

7.5.1 技能目标

（1）掌握运用水准仪测量横断面的方法。
（2）了解全站仪在工程中的应用。

7.5.2 实验计划与使用设备

（1）实训时数2学时。每个实训小组由5人组成。
（2）水准仪1台，塔尺2根，皮尺1个，全站仪1台，棱镜1个，小钢卷尺1个，木桩若干，记录板1块。
（3）利用水准仪进行道路横断面测量，绘制横断面图。

7.5.3 实训方法与步骤

1. 中桩高程测量

（1）选定一约500 m长的路线，现场选定路线起点、终点，沿线布设2~3个附合导线点，用全站仪按三维导线施测，求得各导线点的坐标和高程。
（2）每隔50 m设置一中桩，计算各中桩和加桩的里程。
（3）利用全站仪坐标测量功能测量各中桩和加桩的高程。

2. 横断面测量

（1）沿中线两侧各20 m，确定横断面测量的宽度。确定横断面方向时，可以利用方向架法。
（2）利用水准仪和皮尺在中线各整桩和加桩上选择垂直于中线的方向，测出两侧地形变化点至管道中线的距离和高程。

3. 绘制横断面图

横断面绘制仍然以水平距离为横轴、高差为纵轴绘制在毫米方格纸上。同时，为了更合理的反映高差变化，要求纵轴和横轴的比例尺一致，一般取1∶100或1∶200。

7.5.4 注意事项

（1）绘制横断面图时，在中线桩位置处，利用"▽"表示中桩位置。
（2）确定横断面方向时，可以利用方向架法或者经纬仪法。而距离和高差的测量方法可以利用标杆皮尺法、水准仪皮尺法、经纬仪视距法、全站仪法等。

7.5.5 实验报告

横断面测量记录表

日期：_____年_____月_____日　　　　天气：_____　　　　观测者：_____
仪器型号：_____　　　　班组：_____　　　　记录者：_____

中桩桩号	中桩坐标		中桩高程测量	横断面测量												
				左1		左2		左3		右1		右2		右3	
	x	y		S	H	S	H	S	H	S	H	S	H	S	H

续表

中桩桩号	中桩坐标		中桩高程测量	横断面测量												
				左1		左2		左3		右1		右2		右3	
	x	y		S	H	S	H	S	H	S	H	S	H	S	H

注：表中 S 指横断面变坡点至中桩的水平距离，H 为横断面变坡点的高程。

第4部分 建筑工程测量综合实训

第8章 建筑施工综合实训

8.1 1∶500经纬仪测绘建筑平面图综合实训

8.1.1 目的与要求

测量综合实训是在课堂教学结束之后在实训场地集中进行综合训练的实践性教学环节。通过实训,使学生了解工程测量的工作过程,熟练地掌握测量仪器的操作方法和记录计算方法;掌握经纬仪、水准仪的检验校正的方法;掌握大比例尺建筑平面图测绘的基本方法和地形图的应用;培养动手能力和分析问题、解决问题的能力,逐步形成严谨求实、吃苦耐劳、团结合作的工作作风。

8.1.2 计划及仪器工具

1. 实训计划

测量综合实训时间一般安排为2周,实训按小组进行,一般安排4~5人一组,选1人为组长,负责全组的实训安排和仪器管理。计划安排见表7-1。

2. 仪器工具

DJ_6型经纬仪或DJ_2型经纬仪1套,水准仪1台,钢尺、皮尺各1把,水准尺2根,小平板1套,标杆2根,工具包1个,记录板1个,测绘专用半圆仪1个,聚酯薄膜图1张,铅化纸1张,木桩数个,斧头1把,小铁钉若干,油漆、白灰若干,地形图图式1本。

自备:铅笔(4H、2H)数支,橡皮。

3. 场地

场地选择在测量实训基地。

表8-1 经纬仪测绘地形图实训计划安排

序号	项目与内容	时间	任务与要求
1	实习动员	1天	布置实训任务,踏勘测区,做好测前准备工作
2	仪器检校	1天	对水准仪、经纬仪进行检验
3	图根控制测量	3天	水准仪测高程,经纬仪闭合导线测量的外业工作,内业计算。掌握水准仪,经纬仪的综合应用
4	建筑平面图测绘	3.5天	测绘1∶500比例尺建筑平面图6~12个方格,掌握测图的基本方法

续表

序号	项目与内容	时间	任务与要求
5	仪器操作考核	1天	经纬仪、水准仪操作考核
6	上交资料	0.5天	编写、整理各项资料,上缴综合实训报告书
7	合计	10天	

8.1.3 注意事项

(1)测量实训中应严格遵守学校的各种规章制度和纪律,不得无故迟到、无故缺席,应有吃苦耐劳的精神。

(2)各组要整理、保管好原始记录、计算成果等。

(3)测量实训中记录计算应规范,不得随意涂改。

(4)测量实训中应爱护仪器及工具,按规定程序操作;注意仪器、工具的安全,防止遗失和损坏。

(5)测量实训中组长要合理安排,确保每人有操作、训练的机会。

(6)小组成员应相互配合,注意培养团队合作精神。

8.1.4 实训内容及技术要求

1. 仪器检校

(1)水准仪的检校。

① 圆水准器的检校:气泡无明显偏离。

② 十字丝的检校:标志点无明显偏离十字丝横丝。

③ 水准管轴的检校:$i<20''$。

(2)经纬仪的检校。

① 照准部水准管轴的检验与校正:气泡偏离量大不超过半格。

② 十字丝纵丝的检验校正:标志点无明显偏离十字丝纵丝。

③ 视准轴的检验校正:$c<12''$。

$$c = \frac{|B_2 - B_1|}{4D}\rho''$$

④ 水平轴应垂直于竖轴的检验校正:只需进行检验;若需校正,则由仪器检修人员进行。

⑤ 竖盘指标差的检验与校正:x不超过$\pm 1'$。

2. 图根控制测量

(1)导线测量。

① 外业工作。

先在学校的测量实训场地(或专用场地)上进行测区踏勘,在教师指导下确定测量线路,选取合适的控制点,并用红漆画点做标志。测量实训场地上如果没有建立平面控制网和高程控制网,起算数据可以假定。选点时要注意这些点尽可能要控制测区,相邻点一定要通视和便于量距。

a. 钢卷尺量距,注意凡是两点距离大于一个尺段的,必须先定向再量距。

b. 经纬仪安置在控制点上，对中误差必须小于 3 mm，整平误差小于一小格，用测回法逐个测出闭合导线的内角（瞄准时一定要用单纵丝平分标杆尖端，或用双纵丝夹住尖端）。注意边测、边计算、边校核，确保所测角度的精度。用罗盘仪测起始边的方位角，或用经纬仪与长盒磁针联合测起始边的方位角。

② 内业工作。

a. 将整理好的合格测量数据填入导线坐标计算表格内，依次推算出各导线点的坐标值。具体限差要求见表 8-2。

表 8-2 图根导线限差要求

等级	导线长度 /km	平均边长 /km	测角中误差 /″	测回数 (DJ_6)	角度闭合差 /″	相对闭合差
图根	≤1.0M	≤1.5 测图最大视距	20	1	$40\sqrt{n}$	1/2 000

注：表中 n 为测站数，M 为测图比例尺分母。

b. 在聚酯薄膜方格网图上，展绘控制点坐标并标注出点号和高程（可根据各点坐标值的最小与最大值确定图纸上的坐标值，然后在图纸上依次展绘各导线点，并连成一闭合导线），最后用比例尺量出各控制点之间的距离，与实地水平距离（或按坐标反算长度）之差不得大于图上 0.3 mm；否则，应检查展点是否有误，供下一步碎部测量所用。

（2）水准高程测量。

① 图根水准外业测量。

将导线控制测量点组成闭合水准路线，按图根水准测量方法进外业观测，限差要求参照图根水准测量要求。

② 内业计算。

按照图根水准测量限差要求，进行高差闭合差的计算和调整。具体限差要求见表 8-3。

表 8-3 图根水准测量限差要求

等级	水准仪型号	视线长度 /m	水准尺	线路长度 /km	观测次数		每千米高差中误差 /mm	高差闭合差	
					与已知点联测	附合或闭合		平地/mm	山地/mm
图根	DS_{10}	≤100	单面	≤5	往返各一次	往一次	20	$40\sqrt{L}$	$12\sqrt{n}$

注：L 为往返测段、附合或环绕的水准路线长度（单位为 km），n 为测站数。

3. 建筑平面图测绘

（1）建筑平面图的要求。

建筑平面图的比例尺为 1∶500，等高距为 0.5 m，高程注记至分米。

（2）建筑平面图的精度。

建筑平面图的精度要求：

图上地物点的位置中误差	
主要地物	次要地物
±0.6 mm	±0.8 mm

（3）测区踏勘。

每组在指定的测区进行踏勘，根据已知的控制点资料，找出控制点的具体位置；了解测区的地形条件。

（4）碎部测量。

测图方法用经纬仪测绘法。设站时，仪器对中偏差应小于 5 mm；归零差应小于 4′；以较远点作为定向点并在测图过程中随时检查；在依其他控制点作定向检查时，该点在图上偏差应小于 0.3 mm。对另一控制点，高程检测的较差应小于 0.2 基本等高距。

跑尺选点方法可由近及远，再由远及近，按顺时针方向进行。所有地物和地貌特征点都应立尺。地形点间距为 15 m 左右，视距长度一般不超过 50 m。高程注记至分米，记在测点右侧或下方，字头朝北。所有地物地貌应现场绘制完成。

当控制点的密度不够时，可在现场增补测站点，以满足测图的要求。增补测站点的方法可采用插点法：在两点的连线上选定一个点，用视距测量的方法往返测得该点与控制点间的距离和高程，若距离往返的相对误差不大于 $\frac{1}{200}$，两次高程的较差不超过 $\frac{1}{7}$ 基本等高距，则取往返距离和两次高程的平均值作为施测成果，然后将其展绘于图上即可作为增补测站点使用。距离测量也可用皮尺直接丈量，最大边长不超过 50 m。

（5）建筑平面图拼接、检查和整饰。

拼接：每幅地形图应测出图框外 5~10 mm。与相邻图幅接边时的容许误差为：主要地物不应大于 1.4 mm，次要地物不应大于 2 mm；对丘陵地区或山区的等高线不应超过 $\frac{1}{2}$ 等高距。如果小组无图拼接，则可进行此项工作。

检查：自检是保证测图质量的重要环节，当一幅地形图测完后，每个小组必须对地形图进行严格自检。首先进行图面检查，查看图面上接边是否正确、连线是否矛盾、符号是否正确、名称注记有无遗漏、等高线与高程点有无矛盾，发现问题应记下，便于野外检查时核对。野外检查时应对照地形图全面核对，查看图上地物形状与位置是否与实地一致，地物是否遗漏，注记是否正确齐全，等高线的形状、走向是否正确，若发现问题，应设站检查或补测。

整饰：对图上所测绘的地物、地貌、控制点、坐标格网、图廓及其内外的注记，按地形图图式所规定的符号和规格进行描绘，提供一张完美的铅笔原图，要求图面整洁。线条清晰、质量合格。

整饰顺序：首先绘内图廓及坐标格网交叉点（格网顶点绘长 10 mm 的交叉线，图廓线上则绘 5 mm 的短线）；然后绘控制点、地形点符号及高程注记，独立地物和居民地，各种道路、线路，水系，植被，等高线及各种地貌符号；最后绘外图廓并填写图廓上注记。

8.1.5 实训成果与资料

每个实训小组实训结束后应提交下列成果与资料：

（1）各种观测手簿，包括平面控制外业观测手簿、高程控制外业手簿。

（2）导线计算成果表、高程计算表成果表、控制点成果表。

（3）外业草图、外业采集的碎步点记录，整饰合格的地形图。

（4）小组各成员的实训报告。

8.2 1∶500数字建筑平面图测绘综合实训

8.2.1 目的与要求

数字测图实习是建筑工程测量课程教学的重要组成部分，是巩固和深化课堂所学知识的必要环节。通过数字化测图的实习，使学生熟悉从图根控制到大比例尺数字化建筑平面图测图生产作业的全过程，使所学理论知识与实践相结合，从而巩固和加深对知识的理解，并增强动手能力，培养灵活应用课堂所学知识分析和解决实际问题，培养严格认真的科学态度、实事求是的工作作风和互相协作的团队精神。

数字建筑平面图测图实训目的是使学生通过实训达到以下要求：
（1）掌握全站仪测角、测距、测坐标及数据采集的基本功能；
（2）掌握数字测图平面控制和高程控制的技术要求；
（3）掌握数字建筑平面图外业数据采集的原理和方法；
（4）掌握数字建筑平面图的基本要求和成图过程；
（5）掌握CASS成图软件建筑平面图绘制、编辑和整饰的功能。

8.2.2 计划及仪器工具

1. 实训计划

测量综合实训时间一般安排为2周，实训按小组进行，一般安排4~5人一组，选1人为组长，负责全组的实训安排和仪器管理。计划安排见表8-4。

表8-4 数字化建筑平面图综合实训计划安排

序号	项目与内容	时间	任务与要求
1	实习动员	1天	布置实训任务，踏勘测区，做好测前准备工作
2	仪器检校	1天	对全站仪、水准仪进行检验
3	控制测量	3天	水准仪测高程，全站仪闭合导线测量的外业工作，内业计算。掌握水准仪、全站仪的综合应用
4	建筑平面图测绘	3.5天	掌握测绘1∶500比例尺建筑平面图外业测绘和内业成图方法
5	仪器操作考核	1天	全站仪、水准仪操作考核
6	上交资料	0.5天	编写、整理各项资料，上缴综合实训报告书
7	合计	10天	

2. 仪器工具

全站仪1套，备用电池1块，配套充电器1个，钢卷尺1个，棱镜1个，对中杆1个，DS_3型水准仪，黑红面尺1对，尺垫1对，导线测量记录表及计算表，水准测量记录表及计算表等。

自备：铅笔（4H、2H）数支，橡皮。

3. 场地

场地选择在测量实训基地。

8.2.3 注意事项

（1）记录、计算成果应符合相关测量规范。

（2）在实训过程中，要做到步步检核，确保所计算的数据和所测设的点位正确无误。

（3）在测量前做好准备工作，每组全站仪的电池和备用电池应充足电，每天出工和收工时都要注意清点所带仪器设备的数量，并检查是否完好无损。

（4）每天收工后传输数据时要注意数据线连接是否正确，有关参数设置是否正确。

（5）外业草图绘制要清晰、信息准确、完全。

（6）严格遵守书中的"使用仪器、工具注意事项"，测量实习中确保仪器安全。

（7）靠近公路附近实习的组应十分注意人身安全和仪器安全，横过公路必须走人行道，一定要遵守交通规则。

8.2.4 实训内容及技术要求

实训中所依据的规范为《工程测量规范》（GB50026—93）和《1∶500 1∶1 000 1∶2 000 地形图图式》（GB/T7929—1995）。每小组完成一张 1∶500 比例尺数字化地形图的测绘，测图范围由每个组的指导教师指定。

1. 控制测量

控制测量分为图根平面控制测量和图根高程控制测量，图根平面控制测量采用一级导线；图根高程控制采用四等水准网；图根点精度，相对于邻近的等级控制点，其点位中误差不应大于图上 0.1 mm，高程中误差不应大于基本等高距的 1/10。具体限差要求参见表 8-5～8-9。

（1）在每个导线点上用全站仪分别进行方向观测 2 测回；单方向距离观测 2 测回，距离观测值为为平距。

（2）距离观测 1 测回的含义为照准一次读书 2～4 次的过程。

（3）记录员应向观测员回报后再做记录，并严格遵守记录规则。

（4）每测站限差检核合格后即可迁站，直至把所有测站测完，得到合格的观测数据。

（5）编制已知数据表和观测数据表及导线略图，为导线的平差计算做准备。

（6）为保证图边拼接精度，在建立图根控制时，在图幅边附近布设足够的解析图根点，相邻图幅均可利用它们来测图。

表 8-5 图根控制点密度

测图比例尺	图幅尺寸/cm	解析图根点（个数）	
		全站仪测图	GPS（RTK）测图
1∶500	50×50	2	1
1∶1 000	50×50	3	1～2
1∶2 000	50×50	4	2
1∶5 000	40×40	6	3

表 8-6　一级导线水平角方向观测法的技术要求（DJ$_2$）

等级	光学测微器两次重合读数之差/″	半测回归零差/″	一测回2c较差/″	同一方向值各测回较差/″
一级及以下	—	12	18	12

表 8-7　导线测距的主要技术要求

平面控制网等级	仪器精度等级	每边测回数		一测回读数较差/mm	单程各测回较差/mm	往返测距较差/mm
		往	返			
一级	10 mm 级	2	—	≤10	≤15	—

表 8-8　水准测量的主要技术要求

等级	每千米高差全中误差/mm	路线长度/km	水准仪型号	水准尺	观测次数		往返较差、附合或环线闭合差	
					与已知点联测	附合或环线	平地/mm	山地/mm
四等	10	≤16	DS$_3$	双面	往返各一次	往一次	$20\sqrt{L}$	$6\sqrt{n}$

表 8-9　水准观测的主要技术要求

等级	水准仪型号	视线长度/m	前后视较差/m	前后视累积差/m	视线离地面最低高度/m	基、辅分划或黑、红面读数较差/mm	基、辅分划或黑、红面所测高差较差/mm
四等	DS$_3$	100	5	10	0.2	3.0	5.0

2. 外业数据采集

本次实训采用全站仪获取地物地貌的定位信息，即特征点的三维坐标；采用外业绘制草图的方法来获取地物地貌的属性信息和连接信息。

（1）野外数据采集的流程。

① 安置仪器。当仪器对中、整平后量取仪器高至毫米。打开电源，转动望远镜，使仪器进入观测状态，再按"Menu"菜单键，进入主菜单。

② 测站设置。在数据采集菜单下根据全站仪提示输入数据采集文件名。文件名可直接输入也可从仪器内存中调用。测站数据的设置有两种方法：一是直接由键盘输入坐标；二是调用内存中的坐标文件。此坐标文件必须在数据采集的准备工作中已经传入或写入内存。

③ 后视点设置。后视点数据的输入有三种方式：一是调用内存中的已有坐标文件；二是直接输入后视控制点坐标；三是直接输入定向边的方位角。

④ 定向。当测站和后视方向设置完毕，可根据仪器提示照准后视点棱镜，按测量键后完成定向工作。

⑤ 碎部点测量。在数据采集菜单下选择碎部点采集命令。输入点号、编码、棱镜高等数据。照准目标，按测量键或 ALL 后，数据被存储。全站仪点号自动增加，进入下一点测量。如采用无码作业，可不输入编码。

⑥ 草图的绘制。为保证绘制的碎部点点号与全站仪坐标数据文件中记录的碎部点点号一致，每测量 10 个碎部点，草图员应与观测员对一次点号。

进行外业数据采集时，测图作业小组成员应对图幅内的主要地物、地貌要有整体的了解，对每天的工作要心中有数。到达测站后，全体成员要共同分析周围地物、地貌情况，研究跑尺范围、顺序和综合取舍内容。观测员、立尺员、绘图员、记录员和计算员相互配合要默契，工作要有秩序。

（2）外业数据采集时应注意事项。

① 凡能依比例尺表示的地物，就应将其水平投影位置的几何形状测绘到地形图上，如房屋、双线河流、球场等。或是将它们的边界位置表示到图上，边界内再充填绘入相应的地物符号，如森林、草地等。对于不能依比例尺表示的地物，则测绘出地物的中心位置并以相应的地物符号表示，如水塔、烟囱、小路等。居民地的各类建筑物和构筑物及其主要附属设施应准确测绘其外围轮廓，房屋以墙基外角为准测绘，并注记楼房名称、房屋结构和楼房层数。依比例垣栅应准确测出基础轮廓并用相应符号表示。对不依比例的垣栅，测出其定位点后配以对应符号依次连接。

② 地貌千姿百态，但从几何的观点分析，可以认为它是由许多不同形状、不同方向、不同倾角和不同大小的面组合而成。这些面的相交棱线，称为地性线。地性线有两种，一种是由两个不同走向的坡度面相交而成的棱线，称为方向变化线，如山谷线、山脊线；另一种是由两个不同倾斜的坡面相交而成的棱线，称为坡度变化线，如陡坡与缓坡的交界线、山坡与平地的交界等。在实际地貌测绘中，确定地性线的空间位置，只需测定各棱线交点的空间位置就够了，这些棱线交点称地貌特征点。测定地貌特征点，以地性线构成地貌的骨架，地貌的形态就容易表示出来了。故地貌的测绘，主要是测绘这些地貌特征点及其地性线。

③ 采集数据时也要注意一些技巧，对于不便观测的四点房，采用两点加宽度的采点方法，这样用计算机自动生成，所得的房屋既符合精度，又很美观。注意一些散点的采集，如电线杆，采集时一块图一块图的检查，以免漏测。

④ 在野外数据采集时，由于某些原因，有些点不能直接测定其坐标，例如在河中的某个电线杆或烟囱的中心点。此时可以利用全站仪坐标测量，测定一些"基本碎部点"，再用勘丈法（只测距离）测定一部分碎部点的位置（坐标），最后充分利用直线、直角、平行、对称、全等几何特征，在室内（或现场）计算出所有碎部点的坐标，也可以直接在测图软件的作图环境下绘出图形来。

⑤ 在测量过程中，绘图制员要和测量员及时联系，使草图上标注的某点点号与全站仪里记录的点号一致。绘制草图时遵循上北下南，要善于使用多色笔标识，准确描述地物间拓扑关系，使用特定的符号，以易于内业操作。比如一块草地，可以在中间画出草地符号（或注记文字）即可清楚表示出地形特点。为保证绘制的碎部点点号与全站仪坐标数据文件中记录的碎部点点号一致，每测量10个碎部点，草图员应与观测员对一次点号。

⑥ 地物测绘中跑尺的方法。

立尺员依次在各碎部点立尺的作业，通常称为跑尺。立尺员跑尺好坏，直接影响着测图速度和质量，在某种意义上说，立尺员起着指挥测图的作用。立尺员除须正确地选择地物特征点外，应结合地物分布情况，采用适当的跑尺方法，尽量做到不漏测、不重复。

a. 地物较多时，应分类立尺，以免绘图员连错，不应单纯为立尺员方便而随意立尺。例如立尺员可沿道路立尺，测完道路后，再按房屋立尺，当一类地物尚未测完，不应转到另一类地物上去立尺。

b. 当地物较少时，可从测站开始，由近到远，采用螺旋形跑尺路线跑尺。待迁测站后，立尺员再由远到近以螺旋形跑尺路线跑回到测站。

c. 若有多人跑尺，可以测站为中心，划分几个区，采取分区专人包干的方法跑尺。也可按地物类别跑尺。

⑦ 地貌测绘中跑尺的方法。

a. 当地貌比较复杂时，为了绘图连线方便和减少其差错，立尺员从第一个山脊的山脚开始，沿山脊线往上跑尺；到山顶后，沿相邻的山谷线往下跑尺直至山脚，然后跑紧邻的第二个山脊线和山谷线，直至跑完为止。这种跑尺方法，立尺员的体力消耗较大。

b. 当地貌不太复杂，坡度平缓且变化均匀时，立尺员按沿等高线方向一排排立尺。遇到山脊线或山谷线时顺便立尺。这种跑尺方法便于观测和勾绘等高线，又易发现观测、计算中的差错；同时，立尺员的体力消耗较少。但勾绘等高线时，容易判断错地性线上的点位。故绘图员要特别注意对地性线的连接。

⑧ 地形图是分幅测绘的。各相邻图幅必须能互相拼接成为一体。由于测绘误差的存在，在相邻图幅拼接处，地物的轮廓线、等高线不可能完全吻合，若接合误差在允许范围内，可进行调整；否则，对超限的地方需进行外业检查，在现场改正。为便于拼接，要求每幅图的四周，均需测出图廓外 5 mm 范围。对线状地物，应测至主要的转折点和交叉点；对地物的轮廓，应将其完整地测出。

⑨ 完成一天的野外坐标采集返回宿舍后，应将当天测量的坐标文件下传到全站仪通讯软件中，将其转换为 CASS 坐标数据格式存盘，在 CASS 中展绘坐标数据文件中的点号，草图员应对照野外绘制的草图，操作 CASS 绘制地物或地貌，当天测绘的数据应在当天晚上完成绘图工作。对存在问题的碎部点，应在第二天观测时重新测量。

3. 内业绘图

内业绘图首先需要通过数据通信完成全站仪和计算机之间的数据传输，并将坐标点在 CASS 绘图软件中展绘出来，然后根据野外作业时绘制的草图，移动鼠标至屏幕右侧菜单区选择相应的地形图图式符号，再在屏幕中将所有的地物绘制出来。

（1）内业绘图流程。

① 打开 CASS 绘图软件，进入主界面。

② 展点：选择"绘图处理"下的"展野外测点点号"，输入采集文件后，确认。即完成了展点工作。

③ 选择"测点点号"定位，使用屏幕右侧菜单区内的"测点点号"项，按提示选择采集的坐标文件，并确认。

④ 绘平面图：根据野外所绘草图，利用屏幕右侧菜单逐点绘制（在绘第一点之前，根据提示要输入绘图比例尺，如 1∶500 后回车），如有操作失误，可按回退继续操作。

⑤ 加注记：利用屏幕右侧菜单的"文字注记"，并依照提示完成有关文字的注记。

⑥ 编辑和修改：利用"编辑"菜单下的"删除"菜单，"删除实体所在图层"，以删除所展的点的注记，还可利用"编辑"和"地物编辑"菜单进行有关地物的编辑和修改。

⑦ 绘等高线：

主要步骤如下：

a. 展高程点：选择"绘图处理"菜单下的"展高程点"，根据提示输入采集文件，展出全部高程点。

b. 建立数据地面模型（DTM）：根据"等高线"菜单下"数据文件生成DTM"，依提示输入采集文件，建立DTM。

c. 绘等高线：根据"等高线"菜单下的"绘等高线"，输入适当的等高距，并选择"三次B样条拟合"，即可绘制等高线。

d. 等高线修剪：根据"等高线"菜单下的"等高线修剪"，对等高线进行必要修剪。同时注记计曲线。

⑧ 地形图的分幅与整饰：为了便于地形图的测绘、使用和保管，需要将大范围内的地形图进行分幅；整饰要素是一组为方便使用而附加的文字和工具性资料，常包括外图廓、图名、接图表、图例、坡度尺、三北方向、图解和文字比例尺、编图单位、编图时间和依据等。

⑨ 图形文件保存：根据文件菜单下的图形保存菜单对图形进行保存。

地物、地貌千差万别，在地形图绘制时不可能毫无区别地将所有地物、地貌都完整而详尽地表示在图上，否则会因内容太多，造成主次不分、不清晰，影响用图。地物、地貌的取舍没有统一的规定，应根据测图的比例尺、地物与地貌的繁简程度和用图的要求而定。测图的比例尺越大，测绘的内容就越详细，因而综合取舍工作就少。

（2）数字地形图的绘制的一般要求。

① 街区与道路的衔接处，应留0.2 mm间隔；建筑在陡坎和斜坡上的建筑物按实际位置绘出，陡坎无法准确绘出时，可移位表示，并留0.2 mm间隔。

② 两点状地物相距很近时，可将突出、重点地物准确表示，另一个移位表示。点状地物与房屋、道路、水系等其他地物重合时，可中断其他地物符号，间隔0.2 mm完整表示独立符号。

③ 双线道路与房屋、围墙等高出地面的建筑物边线重合时，可用建筑物边线代替道路边线。道路边线与建筑物接头处应间隔0.2 mm。

④ 河流遇到桥梁、水坝、水闸等应断开。水涯线与陡坎重合时，可用陡坎边线代替水涯线。

⑤ 等高线遇到房屋及其他建筑物、双向道路、路堤、路堑、坑穴、陡坎、斜坡、湖泊、双线河、双线渠以及注记等均应断开。等高线的坡向不能判断时，加注示坡线。

⑥ 同一地类范围内的植被，其符号可均匀配置；地类界与地面上有实物的线状符号重合时可省略不绘；与地面上无实物的线状符号重合时，地类界应移位0.2 mm。

⑦ 文字注记字头朝北，道路河流名称可随线状弯曲方向排列，名字底边平行于南、北图廓；注记文字最小间距为0.5 mm，最大间距不超过字号的8倍。高程注记一般注于点的右方，离点间隔0.5 mm。等高线注记字头应指向山顶和地形特征部分，但字头不应指向图纸的下方和地貌复杂的地方，应注意合理配置，以保持地貌的完整。

⑧ 用工整的字体进行注记，字头尽量朝北。文字注记应适当，应尽量避免遮盖地物。计曲线高程注记，尽量在图幅中部排成一列；地貌复杂时，可分注几列。

⑨ 公路与其他双线道路在图上均应按实宽依比例表示，图上每隔15～20 cm标注公路等级代码。公路、街道按其铺面材料不同应分类，以混凝土（水泥）、沥（沥青）、砾（砾石）、碴（碎石）、土（土路）等注记于图中路面处。

⑩ 永久性电力线、通信线均应准确表示，电杆、电线架、铁塔位置需实测。城市建筑区内电力线、通信线可不连线，但应在杆架处绘出连线方向。

⑪ 地面和架空的管线分别用相应的符号表示，并注记类别。地下管线根据用途需要决定表示与否，检修井应测绘表示。管道附属设施均应实测表示。

⑫ 河流在图上宽度小于 0.5 mm 的、沟渠小于 1 mm 的用单线表示。河流交叉处、泉、井等要测注高程，瀑布、跌水测注比高。

⑬ 自然地貌用等高线表示，崩塌残蚀地貌、坡、坎和其他特殊地貌用相应符号和等高线配合表示。

⑭ 城市建筑区可不绘等高线，应当注记高程。高程注记点应测设在街道中心线、街道交叉中心、建筑物墙基脚和相应的地面、管道检查井井口、桥面、广场、较大的庭院内或空地上以及其他地面倾斜变换处。注记密度一般为 15~30 m。

⑮ 对耕地、园地，应实测范围，配以对应符号。田埂、宽度在图上大于 1 mm 的应用双线表示，小于 1 mm 的用单线表示。耕地、园地、林地、草地、田埂均需测注高程。

4. 图形检查及补测

测图结束后，各组应对地形图进行全面检查及补测，通过这项工作可以消除成图中可能存在的错误，保证各项测绘资料的正确、清晰、完整，真实地反映地物、地貌。

（1）内业检查。

地形图的内业检查，就是对图面内容的表示是否合理、有关资料是否齐全和无误的检查。内业检查为外业检查提供线索，确定重点检查区域。内业检查主要内容有：

① 检查图廓及坐标格网的正确性；
② 各级控制点的展绘是否正确，高程注记是否与成果表中数字相符；
③ 图上控制点数及埋石点数是否满足要求；
④ 地物、地貌符号是否合理；
⑤ 各种注记是否正确、清晰、有无遗漏；
⑥ 图面地貌特征点数量和分布能否保证勾绘等高线的需要，等高线与地貌特征点高程是否适应。

（2）外业检查。

① 巡视检查。

检查人员携带图板到测区，按预订路线进行实地对照查看。主要查看地物轮廓是否正确，地貌显示是否真实，综合取舍是否合理，主要地物是否遗漏，符号使用是否恰当，各种注记是否完备和正确等。

② 仪器检查。

仪器检查是在内业检查和外业巡视检查的基础上进行的。除将检查发现的重点错误和遗漏进行补测和更正外，对发现的怀疑点也要用仪器进行检查。在检查过程中，对所发现的错误和缺点，应予以纠正。

5. 实习报告的编写

实习结束后，每人编写一份实习报告，要求内容全面、概念正确、语句通顺、文字简练、书写工整、插图和数表清晰美观，并按统一格式以 A4 纸书写。个人的计算资料应以插图、插表或附页的形式与实习报告装订在一起。

实习报告编写提纲：

（1）序言：实习任务名称、地点、目的、时间、作业区范围、实习任务及组织等。

（2）测区概况：测区地理位置、交通、居民、气候、地形地貌等概况，测区内已有测绘成果及资料等情况。

（3）导线布设与施测。
① 导线网的布设方案和略图。
② 选点埋石情况，点之记。
③ 施测技术依据和方法。
④ 观测成果解算及质量分析。
（4）高程控制网的布设与施测。
① 水准网的布设方案和略图。
② 选线、埋石方法及情况。
③ 施测技术依据和方法。
④ 观测成果计算及质量分析。
（5）数字测图的外业数据采集内容与步骤。
（6）数字测图的内业绘图流程。
（7）实习中发生的问题和处理方法。
（8）实习收获、体会和建议。

8.2.5 实训成果与资料

每个实训小组实训结束后应提交下列成果与资料：
（1）各种观测手簿，包括平面控制外业观测手簿、高程控制外业手簿。
（2）导线计算成果表、高程计算表成果表、控制点成果表。
（3）外业草图、外业采集的碎步点坐标，整饰合格的数字地形图。
（4）小组各成员的实训报告。

8.3 建筑施工放样综合实习

8.3.1 目的与要求

根据地形图设计一个给定的建筑物的平面位置，学习施工测量方案案例或者制订出施工测量方案，根据控制点测设施工控制网；根据建筑基线进行建筑物的定位、放线，±0.000标志的测设，进行建筑物的沉降观测等。

8.3.2 计划及仪器工具

1. 实训计划

建筑施工测量综合实训时间一般安排为2周，实训按小组进行，一般安排4~5人一组，选1人为组长，负责全组的实训安排和仪器管理。

2. 仪器工具

全站仪1套，备用电池1块，配套充电器1个，钢卷尺1个，棱镜1个，对中杆1个，DS_3型水准仪，黑红面尺1对，尺垫1对，记录手簿及计算表格等。

自备：铅笔（4H、2H）数支，橡皮。

3. 场地

本次实训场地选择在测量实训基地。

8.3.3 注意事项

（1）根据实训场地情况，制订施工测量方案，须认真学习并现场制订施工测量方案。

（2）在实训过程中，要做到步步检核，确保所计算的数据和所测设的点位正确无误。施工放样结束后需要检查各种定位放样结果。

8.3.4 实训内容及技术要求

（1）测前准备工作；
（2）熟悉施工图纸；
（3）学习建筑施工测量方案案例或制订施工测量方案；
（4）根据控制点测设施工控制网；
（5）根据建筑基线进行建筑物的定位、放线，±0.000标志的测设；
（6）建筑物轴线传递和高程测设；
（7）建筑物沉降观测；
（8）仪器操作考核标准。

仪器操作考核标准表

考核内容		标准	标准分数	
			水准	经纬
安置仪器	架仪器	动作熟练、方法正确	3	3
	整平	动作熟练、方法正确	7	6
	对中	动作熟练、方法正确		6
观测	瞄准	调焦正确、各螺旋使用正确，读数迅速、准确	5	5
	读数	调焦正确、各螺旋使用正确，读数迅速、准确	5	10
	结果	正确	10	10
记录		字迹工整、清晰	3	3
计算		计算正确、工整、清晰	5	5
收仪器		动作熟练、方法正确	2	2
限差		满足精度要求	5	5

备注：1. 水准满分45分，经纬满分55分。
2. 如果观测结果"限差"超限，可以重测，但要扣5~10分。

8.3.5 实训成果与资料

（1）控制网的选点草图；
（2）导线计算表、水准计算成果表；
（3）实习报告。

参考文献

[1] 郑庄生. 建筑工程测量[M]. 北京：中国建筑工业出版社，1992.

[2] 马真安，张保成. 工程测量实训指导[M]. 北京：人民交通出版社，2005.

[3] 潘正风，杨正尧，程效军，等. 数字测图原理与方法[M]. 2版. 武汉：武汉大学出版社，2009.

[4] 谷云香. 建筑工程测量[M]. 北京：中国水利水电出版社，2013.

[5] GB50026—2007 工程测量规范. 北京：中国计划出版社，2007.

[6] CJJ/T8—2011 城市测量规范. 北京：中国标准出版社，2011.